Markus Grube

Ein neues Konzept zur Diagnose elektrochemischer Sensoren am Beispiel von pH-Glaselektroden

Ein neues Konzept zur Diagnose elektrochemischer Sensoren am Beispiel von pH-Glaselektroden

Schriftenreihe des

Instituts für Angewandte Informatik / Automatisierungstechnik

am Karlsruher Institut für Technologie

Band 39

Eine Übersicht über alle bisher in dieser Schriftenreihe erschienenen Bände
finden Sie am Ende des Buchs.

Ein neues Konzept zur Diagnose elektrochemischer Sensoren am Beispiel von pH-Glaselektroden

von
Markus Grube

Dissertation, Karlsruher Institut für Technologie
Fakultät für Maschinenbau
Tag der mündlichen Prüfung: 04. Februar 2011
Referenten: Prof. Dr.-Ing. habil. G. Bretthauer
            Prof. Dr.-Ing. habil. J. Wernstedt
            PD Dr.-Ing. habil. R. Mikut

Impressum

Karlsruher Institut für Technologie (KIT)
KIT Scientific Publishing
Straße am Forum 2
D-76131 Karlsruhe
www.ksp.kit.edu

KIT – Universität des Landes Baden-Württemberg und nationales
Forschungszentrum in der Helmholtz-Gemeinschaft

KIT Scientific Publishing 2011
Print on Demand

ISSN: 1614-5267
ISBN: 978-3-86644-705-9

Ein neues Konzept zur Diagnose elektrochemischer Sensoren am Beispiel von pH-Glaselektroden

Zur Erlangung des akademischen Grades

Doktor der Ingenieurwissenschaften

der Fakultät für Maschinenbau

Karlsruher Institut für Technologie (KIT)

genehmigte

Dissertation

von

Dipl.-Ing. Markus Grube MBA (CDI)

Tag der mündlichen Prüfung: 04.02.2011

Hauptreferent: Prof. Dr.-Ing. habil. G. Bretthauer
Korreferent: Prof. Dr.-Ing. habil. J. Wernstedt
Korreferent: PD Dr.-Ing. habil. R. Mikut

Vorwort

Die vorliegende Dissertation entstand während meiner Tätigkeit am Institut für Angewandte Informatik des Karlsruher Instituts für Technologie (KIT).
Insbesondere gilt mein Dank Herrn Professor Dr. Georg Bretthauer für die Möglichkeit, an seinem Institut zu promovieren und für die Betreuung der Dissertation. Für seine Anregung zu dieser Arbeit, die Diskussionen und die damit verbundenen kritischen Anmerkungen danke ich ihm ebenso herzlich wie für die Unterstützung bei der Veröffentlichung der Patentanmeldung.

Herrn Professor Dr. Jürgen Wernstedt danke ich für die Übernahme des Korreferats und sein Interesse an der vorliegenden Arbeit.

Meinen herzlichen Dank möchte ich Herrn PD Dr. Ralf Mikut für die Übernahme des zweiten Korreferats aussprechen. Durch viele fordernde Diskussionen während des Entstehens der Arbeit hat er wesentlich zum Gelingen beigetragen.

Gefördert wurde die Arbeit durch die Endress+Hauser Conducta GmbH. Ich danke Herrn Dr. Manfred Jagiella, Herrn Thomas Alber, Herrn Andreas Gommlich, Herrn Dr. Ronny Große-Uhlmann, Herrn Dr. Torsten Pechstein sowie Herrn Dr. Thilo Trapp für zahlreiche Diskussionen und die Bereitstellung von Datensätzen.

Für die angenehme Atmosphäre danke ich allen Mitarbeitern des Instituts für Angewandte Informatik des Karlsruher Instituts für Technologie. Insbesondere möchte ich mich bei Herrn Rüdiger Alshut, Herrn

Christian Bauer, Herrn Dr. Mark Bergemann, Frau Thurid Gspann, Herrn Sebastian Pfeiffer, Herrn Dr. Markus Reischl, Herrn Dr. Wolfgang Rückert sowie Herrn Oliver Schill für wertvolle Diskussionen und die gute Zusammenarbeit bedanken.

Schließlich danke ich meiner Familie, allen voran meiner Frau Ágnes, für ihre bedingungslose Unterstützung von ganzem Herzen.

Markus Grube

Inhaltsverzeichnis

Symbolverzeichnis

Das hier gewählte Formel- und Symbolverzeichnis orientiert sich im Wesentlichen im Sinne einer Vereinheitlichung an [96].
Für alle Größen gilt:

- Ein Symbol $\hat{x}$ bezeichnet immer eine Schätzung für x.

- Ein $\bar{x}$ bedeutet in der Statistik einen Mittelwert für das Symbol x.

- Fett gedruckte Kleinbuchstaben stehen für Vektoren, fett gedruckte Großbuchstaben für Matrizen.

- Optimale Lösungen für ein Symbol x werden durch x_{opt} gekennzeichnet.

Symbol	Bezeichnung
$a_{H_3O^+}$	Aktivität der Hydroxoniumionen
$a_{H_3O^+,\text{Elektrolyt}}$	Aktivität der Hydroxoniumionen im Elektrolyt
$a_{H_3O^+,\text{Medium}}$	Aktivität der Hydroxoniumionen im Messmedium
a_{ij}	Übergangswahrscheinlichkeit von Zustand i nach Zustand j (im Fall von Hidden-Markov-Modellen)
$a_{l,i}$	Parameter der Zugehörigkeitsfunktion des Terms $A_{l,i}$ ($i = 1$: rechtes Maximum Trapez-ZGF, $i = m_l$: linkes Maximum Trapez-ZGF, $i = 2, \ldots, m_l - 1$: Maximum Dreieck-ZGF)
$\mathbf{A}$	Matrix der Übergangswahrscheinlichkeiten eines Hidden-Markov-Modells
$A_{l,i}$	i-ter linguistischer Term des l-ten Merkmals x_l
$a_{l,i}^{Start}$	Startiteration für Parameter der Zugehörigkeitsfunktion des Terms $A_{l,i}$

Symbol	Bezeichnung
A_{l,R_r}	ODER-Verknüpfung linguistischer Terme des l-ten Merkmals x_l in der Teilprämisse der r-ten Regel
Ag	Silber
AgCl	Silberchlorid
b_c	Parameter der Zugehörigkeitsfunktion des Terms B_c
b_i	Ausgabewahrscheinlichkeit (im Fall von Hidden-Markov-Modellen)
B_c	c-ter linguistischer Term der Ausgangsgröße y
B	Matrix der Ausgabewahrscheinlichkeiten eines Hidden-Markov-Modells
BM_1	Benchmarkdatensatz 1
BM_2	Benchmarkdatensatz 2
c	Laufindex für Klassen
c_p	Parameter der reduzierten Form (Cardanische Formeln)
c_q	Parameter der reduzierten Form (Cardanische Formeln)
C_L	Kapazität der Glasmembran
C_r	Konklusion der r-ten Regel
d	Distanz
d_c	Distanz zur c-ten Klasse der Ausgangsgröße
D_C	Diskriminante der reduzierten Form (Cardanische Formeln)
E_0	Standardpotential
$E_{0,\text{Glas,Elektrolyt}}$	Standardpotential zwischen pH-sensitivem Glas und Elektrolyt
$E_{0,\text{Glas,Medium}}$	Standardpotential zwischen pH-sensitivem Glas und Messmedium
E_1	Potential zwischen der inneren Elektrode der Glashalbzelle und dem Elektrolyten
E_2	Potential zwischen der inneren Oberfläche der Glasmembran und dem Elektrolyten
E_3	Potential zwischen der äußeren Oberfläche der Glasmembran und dem Medium
E_4	Potential zwischen der inneren Elektrode der Referenzhalbzelle und dem Elektrolyten
E_5	Diffusionspotential der Referenzelektrode

Symbol	Bezeichnung
$E_{äq}$	äquivalente Spannungsquelle
F	FARADAY-Konstante
$\mathbf{F}$	Matrix mit transformierten Merkmalen bei Regressionsproblemen
h_{ij}	absolute Häufigkeit des Übergangs von Clusterzugehörigkeit i zu Clusterzugehörigkeit j
$\mathbf{H}$	Matrix der absoluten Häufigkeiten h_{ij}
H_2O	Wasser
H_3O^+	Hydroxoniumion
i	1. Laufindex 2. imaginäre Einheit (einer komplexen Zahl)
$\mathbf{I}$	Einheitsmatrix
j	Laufindex
k_{Diag}	Abtastzeitpunkt, zu dem die Kalibrierdaten abgetastet werden
$k_{\mathrm{Diag,ex}}$	Abtastzeitpunkt, zu dem der Sensor ausgetauscht werden soll
k_{Proc}	Abtastzeitpunkt, zu dem die Prozessvariablen abgetastet werden
K	Ausgabealphabet eines Hidden-Markov-Modells
K_{Proc}	Anzahl Abtastpunkte der Prozessvariablen
l	Laufindex
$l_{Schritt}$	Schrittweite des modifizierten Hase-Igel-Algorithmus
l_{Start}	Startpunkt des modifizierten Hase-Igel-Algorithmus
$\lg$	dekadischer Logarithmus
$\mathcal{L}$	Likelihood-Funktion
$\mathbf{M}$	Matrix (allgemein)
m_l	Anzahl der linguistischen Terme des l-ten Merkmals x_l
m_y	Anzahl der linguistischen Terme (Klassen) der Ausgangsgröße
n	Laufindex Datentupel
N	Anzahl Datentupel
N_A	AVOGADRO-Konstante
N_c	Anzahl der Kalibrierparameter
N_d	Anzahl der Diagnoseparameter

Symbol	Bezeichnung
N_p	Anzahl der Prozessparameter
o	Sequenz der Beobachtungen
o_{tr}	Sequenz der Beobachtungen, die zum Training eines Hidden-Markov-Modells verwendet wird
OH^-	Hydroxylion
pH	pH-Wert
pH_0	idealer Nullpunkt einer Glaselektrode
pH_1	pH-Wert der ersten Kalibrierlösung
pH_2	pH-Wert der zweiten Kalibrierlösung
pH_0'	bei einer Kalibrierung ermittelter Nullpunkt einer Glaselektrode
$pH_{0,1}'$	Nullpunkt einer Glaselektrode bei einer Temperatur T_1
$pH_{0,2}'$	Nullpunkt einer Glaselektrode bei einer Temperatur T_2
$pH_{Elektrolyt}$	pH-Wert des Elektrolyten
pH_{iso}	Koordinate des Isothermenschnittpunkts, bezogen auf den pH-Wert eines Mediums
pH_{Medium}	pH-Wert des Messmediums
p	1. LAPLACE-Variable
	2. Wahrscheinlichkeitsdichte
P	Wahrscheinlichkeit
q	Fuzzifier bei Clusterverfahren
Q_{EM}	Bewertungsmaß beim Training eines Hidden-Markov-Modells
$Q_{Fuzzy-Cluster}$	Bewertungsmaß Fuzzy-Clustering
R	universelle Gaskonstante
R_E	Isolationswiderstand zwischen den Einzelelektroden
R_L	Widerstand der Glasmembran
R_N	Widerstand des Messmediums
R_r	r-te Regel
R_R	Widerstand der Referenzelektrode
R_T	Eingangswiderstand des Messumformers
s	1. Anzahl der Merkmale
	2. Zustand eines Hidden-Markov-Modells
S	Menge der Zustände eines Hidden-Markov-Modells
t	Zeit (wertekontinuierlich)

Symbol	Bezeichnung
t_{cal}	Kalibrierintervall
T	Temperatur
T_0	Standardtemperatur
$U_{T,\text{iso}}$	Koordinate des Isothermenschnittpunkts, bezogen auf die Spannung am Eingang des Messumformers
U_N	NERNST-Spannung, ideale Steigung einer Glaselektrode
U'_N	reale Steigung einer Glaselektrode, ermittelt während einer Kalibrierung
$U'_{N,1}$	reale Steigung einer Glaselektrode bei einer Temperatur T_1
$U'_{N,2}$	reale Steigung einer Glaselektrode bei einer Temperatur T_2
U_S	Quellenspannung der Glaselektrode
U_T	Spannung am Eingang des Messumformers
$U_{T,1}$	Spannung am Eingang des Messumformers, wenn sich die Glaselektrode in der ersten Kalibrierlösung befindet
$U_{T,2}$	Spannung am Eingang des Messumformers, wenn sich die Glaselektrode in der zweiten Kalibrierlösung befindet
U_{T,T_0}	Spannung am Eingang des Messumformers bei der Normaltemperatur T_0
V_r	Prämisse der r-ten Regel
$V_{r,l}$	l-te Teilprämisse der Prämisse der r-ten Regel
$w_{p,1}$	Zufallszahl für das Rauschen der Zeitreihen $z_{p,1}$ des ersten Prozessparameters in BM_1 und BM_2
$w_{p,1,\text{max}}$	Maximum der Zufallszahl $w_{p,1}$
$w_{p,2}$	Zufallszahl für das Rauschen der Zeitreihen $z_{p,2}$ des zweiten Prozessparameters in BM_1 und BM_2
$w_{p,2,\text{max}}$	Maximum der Zufallszahl $w_{p,2}$
x	Merkmal (allgemein)
X	Sequenz der durchlaufenen Zustände
$\mathbf{X}$	Matrix der Merkmale (N Zeilen, s Spalten)
$\bar{x}$	Mittelwert der Merkmale
$\mathbf{X}_c$	Matrix der Merkmale: nur Datentupel für Klasse c (N_c Zeilen, s Spalten)

Symbol	Bezeichnung
$\bar{\mathbf{x}}_c$	Mittelwert der Merkmale für Klasse c
x_l	l-tes Merkmal
$x_l[n]$	n-tes Datentupel für das l-te Merkmal im Datensatz
y	skalare Ausgangsgröße
$\mathbf{y}$	Vektor der skalaren Ausgangsgröße (N Zeilen)
$z_{c,1}$	Zeitreihe des ersten Kalibrierparameters in BM_1 und BM_2
$z_{c,1,\text{Start}}$	Startpunkt der Zeitreihe des ersten Kalibrierparameters in BM_1 und BM_2
$z_{c,1,\text{Ende}}$	Endpunkt der Zeitreihe des ersten Kalibrierparameters in BM_1 und BM_2
$z_{c,2}$	Zeitreihe des zweiten Kalibrierparameters in BM_1 und BM_2
z_{c,N_c}	Zeitreihe des C-ten Kalibrierparameters
z_{Cluster}	Zeitreihe aus diskreten Clusterzugehörigkeiten
$z_{\text{Cluster,red}}$	reduzierte Zeitreihe aus diskreten Clusterzugehörigkeiten
z_k	Regressionszeitreihe
$z_{p,1}$	Zeitreihe des ersten Prozessparameters in BM_1 und BM_2
$z_{p,2}$	Zeitreihe des zweiten Prozessparameters in BM_1 und BM_2
z_{p,N_p}	Zeitreihe des P-ten Prozessparameters
$\mathbf{z}_p$	vektorielle Zeitreihe der Prozessdaten in BM_1 und BM_2
$Z_{\text{äq}}$	äquivalente Impedanz
Z_L	Impedanz der Glasmembran
Z_{Last}	äquivalente Impedanz des Messumformers
Z_N	Impedanz des Mediums
Z_R	Impedanz der Referenzhalbzelle
ZGF	Zugehörigkeitsfunktion
ZR	Zeitreihe

Symbol	Bezeichnung
α_t	Forward-Variable
α_T	Temperaturkoeffizient
$\alpha_{\vartheta,1}$	Temperaturkoeffizient 1 des Temperatursensors
$\alpha_{\vartheta,2}$	Temperaturkoeffizient 2 des Temperatursensors
$\alpha_{\vartheta,3}$	Temperaturkoeffizient 3 des Temperatursensors
$\alpha_{\vartheta,4}$	Temperaturkoeffizient 4 des Temperatursensors
β_t	Backward-Variable
ε	Schwellwert
ε_0	Dielektrizitätskonstante
ε_r	Dielektrizitätszahl (materialspezifisch)
θ	Parameter eines Hidden-Markov-Modells
μ	Zugehörigkeitswert zu einer Fuzzy-Menge
$\mu_A(\cdot)$	Zugehörigkeitsfunktion zu einer Fuzzy-Menge A
$\mu_{B_c}(\cdot)$	Zugehörigkeitsfunktion zum c-ten linguistischen Term der Ausgangsgröße y
$\mu_{V_r}(\cdot)$	Zugehörigkeitsfunktion der Prämisse der r-ten Regel
$\mu_{V_{rl}}(\cdot)$	Zugehörigkeitsfunktion der l-ten Teilprämisse der r-ten Regel
$\boldsymbol{\mu}_\mathbf{y}$	Vektor der fuzzifizierten Ausgangsgröße
$\mu_y(y,\mathbf{x})$	Zugehörigkeitsfunktion nach der Inferenz (Grad der Empfehlung für verschiedene Werte von y)
σ	Standardabweichung
σ^2	Varianz
σ_l	Standardabweichung des Merkmals x_l
$\zeta_{p,1}$	Filterparameter des IIR-Filters, mit dem die Zeitreihen des ersten Prozessparameters $z_{p,1}$ in BM_1 und in BM_2 gefiltert werden
$\zeta_{p,2}$	Filterparameter des IIR-Filters, mit dem die Zeitreihen des zweiten Prozessparameters $z_{p,2}$ in BM_1 und in BM_2 gefiltert werden
π	Anfangswahrscheinlichkeit
$\boldsymbol{\Pi}$	Matrix der Anfangswahrscheinlichkeiten für die Startzustände eines Hidden-Markov-Modells
φ	Phase
ω_0	Eckfrequenz

1 Einleitung

1.1 Bedeutung der Arbeit

Glaselektroden sind elektrochemische Sensoren zur Messung eines der wichtigsten Parameter in der Prozessindustrie: des pH-Werts. pH-Elektroden liefern dem Benutzer in der Regel zwei Parameter. Zum einen eine Spannung, die vom pH-Wert des umgebenden Mediums direkt abhängig ist, zum anderen Informationen über die Temperatur des Mediums durch ein integriertes Widerstandsthermometer.

An die Hersteller von Prozesssensoren wird zunehmend von Seiten der Prozessindustrie der Wunsch angetragen, Sensoren mit einer integrierten Diagnosefunktionalität anzubieten. Eine Diagnosefunktionalität ist in der Lage, den Zustand eines Sensors abzubilden. Aus der Zustandsinformation heraus kann ein Sensor in individuellen Intervallen kalibriert werden. Ebenso ist es möglich, die Lebensdauer eines Sensors abzuschätzen. Bislang werden Sensoren durch die Mitarbeiter der Instandhaltung anhand von Erfahrung in festen Intervallen kalibriert und bei Ausfall oder bei unzuverlässigen angezeigten Messwerten ausgetauscht.

Vermehrt kommen moderne Asset-Management-Systeme in der Prozessindustrie zum Einsatz [51, 59, 77], die die verwendeten Betriebsmittel aufgrund ihres technischen, prozesslichen und betriebswirtschaftlichen Zustands bewerten und Strategien für den Austausch generieren. Damit verbunden ist ein starker Bedarf nach zusätzlicher Information über den technischen Zustand der eingesetzten Betriebsmittel. Bisherige Ansätze [139, 140] konnten das Problem, eine Diagnosefunktionalität für elektrochemische Sensoren, insbesondere für pH-Glaselektroden bereitzustellen, die zuverlässig den Zustand des Sensors abbildet, nicht lösen.

Ziel der Arbeit ist es deshalb, ein neues Konzept zu entwickeln, das es möglich macht, den technischen Zustand von pH-Glaselektroden abzu-

tionen von Hydroxonium- (H_3O^+) und Hydroxylionen (OH^-) im Gleichgewicht ($10^{-7}\frac{mol}{l}$) befinden, einen pH-Wert[2] von pH=7.

Aufbau von pH-Glaselektroden

Bis zur Einführung der pH-Glaselektrode war die Platin-Wasserstoffelektrode der wichtigste Sensor zur pH-Messung [48]. Eine Standard-Glaselektrode nach DIN 19263 [1] ist in Abb. 1.1 dargestellt. Sie besteht aus zwei konzentrischen Glaszylindern, wobei der innere Zylinder an seinem Ende mit einer sphärischen Glasmembran abgeschlossen ist. Der äußere Zylinder, der ein für Elektronen durchlässiges Diaphragma enthält, ist an seinem Ende mit dem inneren Zylinder verschmolzen. Die beiden so entstandenen Räume werden mit einem Pufferelektrolyten gefüllt und mit einer Mess- bzw. Referenzelektrode versehen. Die Messelektrode einer pH-Glaselektrode besteht heute in den meisten Fällen aus Silberdraht (Ag) bzw. Silberchlorid (AgCl) [17].
Eine Weiterentwicklung der Standard-Glaselektrode enthält eine weitere, dritte Elektrode, welche sich in der Regel außerhalb der Glaselektrode befindet [42]. Diese Bauform wird je nach Hersteller *PAL*[3] oder *Solution Ground* genannt und ermöglicht die Messung von Größen, die Rückschlüsse auf den Zustand der pH-Glaselektroden erlauben [48]. Da die Bauform mit einer dritten Elektrode noch sehr selten verwendet wird, wird auf sie im Weiteren nicht explizit eingegangen.

Funktionsweise von pH-Glaselektroden im fehlerfreien Betrieb

THOMSON stellte 1875 fest, dass Glas ein fester Elektrolyt ist, in welchem Alkalimetallionen Strom transportieren können [129]. CREMER folgerte daraus, dass Glas eine ideale semipermeable Membran für einwertige Kationen sein muss [31]. HABER und KLEMENSIEWICZ entwickelten aus den Erkenntnissen von THOMSON und CREMER im Jahr 1909 die erste Glaselektrode [57].

---

[2] Die hier verwendete Skala zwischen 0 und 14 gilt für wässrige Lösungen. In Lösungen mit anderen Solventien sind pH-Skalen bis 20 (Ethanol) oder auch bis 30 (Anilin) gebräuchlich [118].

[3] PotentialAusgleichsLeitung

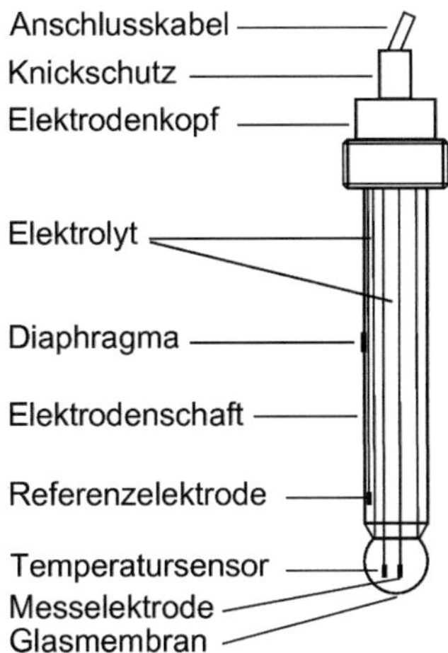

Abbildung 1.1: Aufbau einer Standard-Glaselektrode (nach [1]).

Das eigentliche sensitive Element einer pH-Glaselektrode ist nach [48] die Glasmembran.

Die Glasmembran besitzt an ihrer Innen- und Außenseite jeweils eine etwa 100 nm dicke Quellschicht [70], die sich in Bezug auf die Verteilung der Kationen mit der umgebenden Lösung im Gleichgewicht befindet [122]. In der Quellschicht der Glasmembran können Na^+-Ionen gegen H^+-Ionen ausgetauscht werden. Dabei steht die äußere Quellschicht in Kontakt mit der zu messenden Lösung, die innere Quellschicht steht in ständigem Kontakt zum Pufferelektrolyten (KCl). Wird die Elektrode in Kontakt mit einer Lösung gebracht, werden sich im Fall einer Säure H^+-Ionen in die Quellschicht der Glasmembran einlagern oder im Fall einer Base H^+-Ionen aus der Quellschicht herauslösen. Bei niedrigen pH-Werten befinden sich also in der äußeren Quellschicht mehr H^+-Ionen als in der inneren Quellschicht; bei hohen pH-Werten befinden sich in der äußeren Quellschicht weniger H^+-Ionen als in der inneren Quellschicht. Das Ungleichgewicht an H^+-Ionen in den Quellschichten führt zur Ausbildung eines elektrochemischen Potentials an der Glasmembran. Aus den Potentialen der Glasmembran folgt nach [48] die elektrochemische Reihe

$$Ag/AgCl/KCl//Glasmembran//Messlösung//Diaphragma//KCl/AgCl/Ag$$

Ein Schrägstrich „/" steht hier für eine Phasen- bzw. Materialänderung, ein doppelter Schrägstrich „//" für einen Übergang vom Bezug zum Analyten.

Die gesamte elektrochemische Reihe besteht aus mehreren Einzelpotentialen. Von den Einzelpotentialen werden jedoch für die pH-Messung in der Regel nur die Potentialdifferenz, also die Spannung zwischen den beiden Silberelektroden, gemessen [141].

Der Zweck der dritten Elektrode (im Falle der PAL-Elektrode, s. Abschnitt 1.2.1) liegt in der Bereitstellung zusätzlicher Parameter, die zur Diagnose der Glaselektrode eingesetzt werden können [42].

Ersatzschaltbild In Abb. 1.2 ist das Ersatzschaltbild [143] einer pH-Glaselektrode dargestellt. Das Ersatzschaltbild orientiert sich an der in Abschnitt 1.2.1 eingeführten elektrochemischen Reihe und gibt im Wesentlichen die Potentiale an den Übergängen an Grenzflächen und auftretende Widerstände wieder.

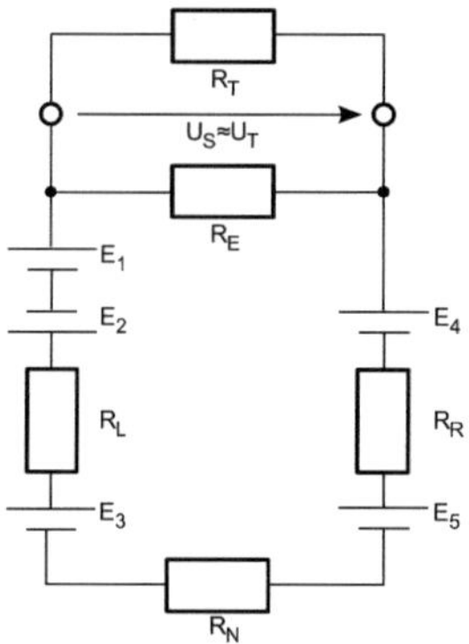

Abbildung 1.2: Ersatzschaltbild einer pH-Glaselektrode (nach [143]).

Für die im Ersatzschaltbild auftretenden Potentiale bzw. Spannungen und die Widerstände werden im Einzelnen folgende Formelzeichen verwendet:

E_1 Potential zwischen der inneren Elektrode der Glashalbzelle und dem Elektrolyten (AgCl/KCl),

E_2 Potential zwischen der inneren Oberfläche der Glasmembran und dem Elektrolyten (Glasmembran/KCl),

E_3 Potential zwischen der äußeren Oberfläche der Glasmembran und der Messlösung (Glasmembran/Medium),

E_4 Potential zwischen der inneren Elektrode der Referenzhalbzelle und dem Elektrolyten (AgCl/KCl),

E_5 Diffusionspotential der Referenzelektrode,

U_S Quellenspannung der Glaselektrode,

U_T Spannung am Eingang des Messumformers,

R_L Widerstand der Glasmembran,

R_N Widerstand der Messlösung,

R_R Widerstand der Referenzelektrode,

R_T Eingangswiderstand des Messumformers, sowie

R_E Isolationswiderstand zwischen den Einzelelektroden.

Die nachfolgenden Gleichungen (1.3) bis (1.13) sind [143] entnommen. Für die Quellenspannung U_S der Glaselektrode gilt nach dem Ersatzschaltbild aus Abb. 1.2 unter Berücksichtigung der Polaritäten von $E_1 \ldots E_5$

$$U_S = E_1 - E_2 + E_3 - E_4 - E_5. \tag{1.3}$$

Da sowohl in der Referenz- als auch in der Glashalbzelle der gleiche Elektrolyt und die gleiche Elektrode zum Einsatz kommen, sind die Potentiale E_1 und E_4 gleich groß, also $E_1 = E_4$. Für den fehlerfreien Betrieb der Elektrode kann das Diffusionspotential E_5 der Referenzelektrode vernachlässigt werden, da sich keine Fremdionen in der Referenzpufferlösung befinden sollten. Daraus ergibt sich für die Quellenspannung nach den Vereinfachungen

$$U_S = E_3 - E_2. \tag{1.4}$$

Der Widerstand der Glasmembran R_L ist sehr groß (etwa 10 bis 100 MΩ), sodass als weitere Vereinfachung sowohl R_N als auch R_R vernachlässigt werden können. Der Isolationswiderstand der Einzelelektroden R_E ist ebenfalls sehr hoch; wenn ein Abfall des Isolationswiderstands durch eingedrungene Feuchtigkeit ausgeschlossen werden kann, kann er für den Stromkreis vernachlässigt werden. Es gilt dann für die Spannung am Eingang des Messumformers U_T

$$U_T = \frac{R_T}{R_L + R_T} U_S. \tag{1.5}$$

Aus der Forderung, dass die Spannung, die am Messumformer anliegt, der Spannung der Messkette möglichst genau entsprechen soll, also $U_T \overset{!}{\cong} U_S$, muss R_T sehr groß ($1 \dots 10$ TΩ) gewählt werden [143].
Da es sich bei dem Elektrolyten in der Messhalbzelle um eine Pufferlösung handelt, kann das Potential E_1 zwischen Elektrode und Elektrolyt als konstant betrachtet werden. Hieraus ergibt sich E_3 als signifikanter Indikator für den pH-Wert. Nach der NERNST-Gleichung gilt für E_3:

$$E_3 = E_{0,\text{Glas,Medium}} + \frac{RT}{F} \ln a_{\text{H}_3\text{O}^+,\text{Medium}} \tag{1.6}$$

mit der universellen Gaskonstanten R, der Temperatur T und der FARADAY-Konstanten F, wobei das Potential E_0 konstant ist. E_0 ist glasspezifisch, also abhängig von der Glassorte, aus der die Membran hergestellt wird. Da die Zusammensetzungen der pH-sensitiven Membrangläser Betriebsgeheimnisse der Elektrodenhersteller sind, kann für E_0 kein Wert angegeben werden.
Für das Potential E_2 zwischen der inneren Oberfläche der Glasmembran und des Elektrolyten gilt analog zu Gl. (1.6)

$$E_2 = E_{0,\text{Glas,Elektrolyt}} + \frac{RT}{F} \ln a_{\text{H}_3\text{O}^+,\text{Elektrolyt}}. \tag{1.7}$$

Bei dem Elektrolyten handelt es sich um eine Pufferlösung, d.h. um ein Medium, das seinen pH-Wert trotz steigender Anzahl an eingebrachten H_3O^+-Ionen nicht verändert, also $a_{H_3O^+,\text{Elektrolyt}} = \text{const}$. Hieraus folgt, dass auch E_2 konstant ist.

Daraus ergibt sich, dass bei konstanter Temperatur nur E_3 variabel ist und somit von der Konzentration der H_3O^+-Ionen in der Messlösung abhängt. Mit der Umformung

$$\ln\left(a_{H_3O^+}\right) = \ln 10 \cdot \lg\left(a_{H_3O^+}\right) \tag{1.8}$$

und der Definition des pH-Werts aus Gl. (1.2) folgt für die Potentiale E_3 und E_2

$$E_3 = E_{0,\text{Glas,Medium}} - \left(\frac{RT \cdot \ln 10}{F}\right) \cdot \text{pH}_{\text{Medium}}, \tag{1.9}$$

$$E_2 = E_{0,\text{Glas,Elektrolyt}} - \left(\frac{RT \cdot \ln 10}{F}\right) \cdot \text{pH}_{\text{Elektrolyt}}. \tag{1.10}$$

Für große R_T muss nach Gleichung (1.5) das Gesamtpotential der Glaselektrode U_S mit der Gesamtspannung U_T identisch sein. Es ergibt sich dann unter der Voraussetzung, dass die Standardpotentiale zwischen dem pH-sensitiven Glas und wässrigen Lösungen $E_{0,\text{Glas,Elektrolyt}}$ bzw. $E_{0,\text{Glas,Medium}}$ gleich sind, durch Einsetzen von Gleichung (1.4) in Gleichung (1.5)

$$U_T = \frac{RT}{F}\left(\ln a_{H_3O^+,\text{Medium}} - \ln a_{H_3O^+,\text{Elektrolyt}}\right). \tag{1.11}$$

Die Gesamtspannung der Glaselektrode U_T kann in Abhängigkeit der Aktivitäten der H_3O^+-Ionen im Medium $a_{H_3O^+,\text{Medium}}$ und im Elektrolyten $a_{H_3O^+,\text{Elektrolyt}}$ unter Berücksichtigung der Rechenregeln für Logarithmen als

$$U_T = \frac{RT}{F}\ln\left(\frac{a_{H_3O^+,\text{Medium}}}{a_{H_3O^+,\text{Elektrolyt}}}\right) \tag{1.12}$$

ermittelt werden. In Abhängigkeit der pH-Werte von Messmedium bzw. Elektrolyt unter Berücksichtigung der Gleichungen (1.8) und (1.2) ergibt sich für die Gesamtspannung der Elektrode

$$U_T = \frac{RT}{F} \ln 10 (\text{pH}_{\text{Elektrolyt}} - \text{pH}_{\text{Medium}}). \tag{1.13}$$

Hieraus folgt, dass das Gesamtpotential der Glaselektrode im Idealfall, ohne die Alterung der Elektrode zu berücksichtigen, lediglich eine Funktion der Temperatur und des pH-Werts der Messlösung sein muss. Unberücksichtigt bleibt bei der vorgenommenen Modellierung das Problem auftretender Diffusionspotentiale E_5, die sich in realen Prozessen am Diaphragma einstellen können und den Hauptanteil an der Messunsicherheit bei der pH-Messung darstellen [110]. Hauptsächlich treten Diffusionspotentiale in Medien auf, die durch besonders niedrige und hohe pH-Werte gekennzeichnet sind [102]. Durch einen geeigneten Aufbau der Messkette kann das Diffusionspotential minimiert werden.

Die dynamischen Vorgänge, die bei einer Änderung des pH-Werts des Messmediums auftreten, sind durch Austauschprozesse von Ionen in das Glas bzw. aus dem Glas heraus erklärbar. Dynamische Vorgänge werden durch hohe Temperaturen beschleunigt und durch tiefe Temperaturen verzögert [86].

Kalibration

Bei der Kalibration von pH-Glaselektroden werden ihre wesentlichen Kenngrößen

- Nullpunkt pH_0',

- Steigung U_N' und

- Isothermenschnittpunkt $(\text{pH}_{\text{iso}}, U_{T,\text{iso}})$

bestimmt. Zur Kalibration muss die Glaselektrode dem Prozess entnommen werden.

Die einzelnen Kenngrößen, die nach einer Kalibration zur Umrechnung der gemessenen Spannungen in pH-Werte verwendet werden, sind auch in Abb. 1.3 dargestellt. Sie werden während der Kalibration ermittelt, bei der die Elektrode nacheinander in zwei unterschiedliche Pufferlösungen getaucht wird. Da sowohl pH-Wert als auch die potentiometrisch

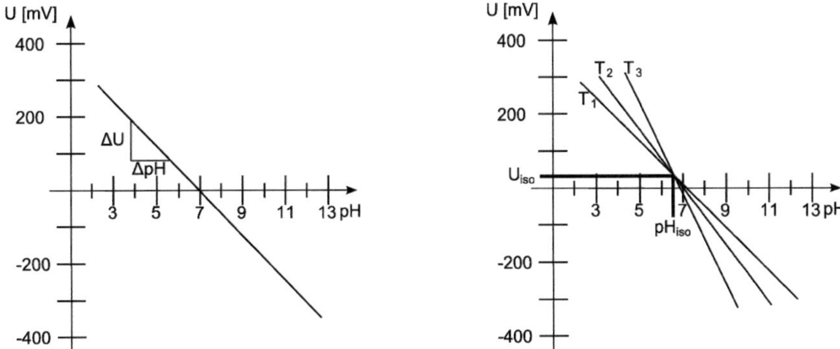

Abbildung 1.3: Kenngrößen einer pH-Glaselektrode. Links sind anhand einer Kalibriergeraden Nullpunkt und Steigung, rechts anhand drei bei unterschiedlichen Temperaturen gewonnene Kalibriergeraden die Koordinaten des Isothermenschnittpunkts (pH_{iso}, U_{iso}) dargestellt.

messbare Größe, die Spannung der Elektrode, logarithmische Funktionen der Aktivität der H_3O^+-Ionen sind, kann das Messgerät so kalibriert werden, dass ein linearer Zusammenhang zwischen pH-Wert und Elektrodenspannung entsteht [53]. Je nach Einsatz werden aus pH=4, pH=7, pH=9,2 und pH=10 zwei geeignete Lösungen zur Kalibration ausgewählt. Die Standardtemperatur für die Kalibration ist 25 °C. Alle Kenngrößen werden für T=25 °C angegeben. Die Elektroden verweilen bis zum eingeschwungenen Zustand in einer Pufferlösung, wobei jeweils die Gesamtspannung der Elektrode gemessen wird. Die Gesamtspannung ist dann erreicht, wenn die Austauschprozesse von Ionen mit dem Glas stattgefunden haben, wobei die Geschwindigkeit der Austauschprozesse von verschiedenen Faktoren, wie beispielsweise von der Temperatur oder vom Alter der Glaselektrode abhängt. Typische Einstellzeiten können sich im Bereich von etwa 30 Sekunden bis zu mehreren Minuten bewegen.

Der Nullpunkt einer Elektrode [48] ergibt sich aus

$$\mathrm{pH}_0' = \frac{\mathrm{pH}_2 U_{T,1} - \mathrm{pH}_1 U_{T,2}}{U_{T,1} - U_{T,2}}. \tag{1.14}$$

Nach DIN 19263 [1] sollte der Nullpunkt einer neuen Elektrode um nicht mehr als $\Delta\mathrm{pH} = \pm\,0{,}5$ von der elektrochemischen Definition von pH_0, also $\mathrm{pH}_0 = 7$, abweichen.
Die Steigung einer Elektrode ist [33, 48]

$$U_N' = \left| \frac{\Delta U}{\Delta\mathrm{pH}} \right| = \frac{U_{T,1} - U_{T,2}}{\mathrm{pH}_2 - \mathrm{pH}_1}, \tag{1.15}$$

wobei die ideale Steigung dem NERNST-Potential $U_N = 59{,}16\ \frac{\mathrm{mV}}{\mathrm{pH}}$ entspricht. Das NERNST-Potential ergibt sich aus dem ersten Term $\frac{RT}{F}\cdot\ln 10$ von Gl. (1.13) als Konstante. Im Fall einer neuen pH-Glaselektrode sollte U_N' also U_N entsprechen. In der Praxis ist der Betrag der Steigung neuer Elektroden jedoch kleiner als das NERNST-Potential. Das NERNST-Potential selbst kann aufgrund einer thermodynamisch begründeten Dissoziation funktioneller Gruppen in der Glasoberfläche [27] nicht erreicht werden [73, 93]. Damit ist der Austausch von Ionen in das Glas hinein und aus dem Glas heraus erschwert, sodass nicht der tatsächliche pH-Wert des Mediums gemessen werden kann, wovon jedoch in Gl. (1.13) für den fehlerfreien Betrieb ausgegangen wird. Auch der ideale Wert des Nullpunkts ergibt sich aus Gl. (1.13). Die Spannung U_T der Elektrode wird Null, falls der pH-Wert des Mediums dem pH-Wert des Elektrolyten entspricht. Die Bedingung ist für $\mathrm{pH}_{\mathrm{Medium}} = 7$ erfüllt, wenn davon ausgegangen wird, dass es sich bei dem Elektrolyten um eine Pufferlösung mit $\mathrm{pH}_{\mathrm{Elektrolyt}} = 7$ handelt.
Die dritte Kenngröße, der Isothermenschnittpunkt, ergibt sich daraus, dass die einzelnen Isothermen bei verschiedenen Temperaturen unterschiedliche Steigungen besitzen.
Die Temperaturabhängigkeit der Gesamtspannung einer Glaselektrode ergibt sich nach [121] zu

$$U_T = U_{T,T_0}\left[1 + \alpha_T(T - T_0)\right] - \frac{RT}{F}\ln 10 \cdot \mathrm{pH}_{\mathrm{Medium}}. \tag{1.16}$$

T_0 ist hier die Normaltemperatur $T_0 = 25°C = 298{,}15\,\text{K}$, U_{T,T_0} die Spannung am Messumformer bei der Temperatur T_0 und α_T der konstante Temperaturkoeffizient dieser Potentialdifferenz.

Der Schnittpunkt von zwei oder mehr Isothermen wird Isothermenschnittpunkt genannt und besteht aus den Koordinaten $(\text{pH}_\text{iso}, U_{T,\text{iso}})$. Für zwei Gleichungen mit einem Schnittpunkt bei zwei verschiedenen Temperaturen

$$U_{T,\text{iso}} = U'_{N,1}(\text{pH}'_{0,1} - \text{pH}_\text{iso}) \tag{1.17}$$

$$U_{T,\text{iso}} = U'_{N,2}(\text{pH}'_{0,2} - \text{pH}_\text{iso}) \tag{1.18}$$

sind die beiden Koordinaten des Isothermenschnittpunkts nach [48]

$$U_{T,\text{iso}} = \frac{\text{pH}'_{0,1} - \text{pH}'_{0,2}}{U'_{N,2} - U'_{N,1}} U'_{N,1} U'_{N,2} \tag{1.19}$$

und

$$\text{pH}_\text{iso} = \frac{U'_{N,2}\text{pH}'_{0,2} - U'_{N,1}\text{pH}'_{0,1}}{U'_{N,2} - U'_{N,1}}. \tag{1.20}$$

Der ideale Isothermenschnittpunkt mit den Koordinaten $(\text{pH}_\text{iso}, U_{T,\text{iso}})$ kann durch Betrachtung der Gleichungen (1.19) und (1.20) leicht gefunden werden. Ist der Nullpunkt bei zwei aufeinanderfolgenden Kalibrierungen gleich groß, ist der Zähler in Gl. (1.19) Null und somit gilt $U_{T,\text{iso}}=0$. Aus Gl. (1.20) kann die Differenz der Steigungen im Fall gleicher Nullpunkte pH_0 gekürzt werden, sodass die Koordinate pH_iso dem idealen Nullpunkt entspricht.

Danach besitzen also alle Glaselektroden idealerweise die gleichen Nullpunkte, Steigungen und Isothermenschnittpunkte. In der Realität werden die Kenngrößen einer Glaselektrode durch chemische Einflüsse geprägt, welche unterschiedlich stark auf verschiedene Teile der Elektroden einwirken und so die sensorischen Fähigkeiten des Glases oder Eigenschaften anderer Komponenten verändern.

Alle Elektrodenkenngrößen können über ein bestimmtes zeitliches Intervall $[t_1, t_2)$ als konstant betrachtet werden. Mit fortschreitender Zeit ändern sich die Elektrodenkenngrößen. Mögliche Ursachen sind in Abschnitt 1.2.1 erläutert.

Einflüsse auf die pH-Messung

Jede Messung physikalischer oder chemischer Vorgänge kann nur bis zu einer bestimmten Genauigkeit durchgeführt werden, wobei die Genauigkeit einer Messung von dem angewendeten Messprinzip abhängig ist. Die Messung kann immer nur eine Schätzung der zu messenden unbekannten Eigenschaft sein, wobei die Schätzung eine Unsicherheit beinhaltet. Die Messung von pH-Werten mit Hilfe von Glaselektroden wird von einigen Faktoren [93] beeinflusst. Faktoren, die eine Messung beeinflussen können, sind

- Asymmetrie- bzw. Diffusionspotentiale,

- Rühreffekte, die in unterschiedlichen pH-Werten in einem noch nicht völlig homogen durchmischten Medium begründet sind,

- Temperatureffekte, d.h. Temperaturgradienten über die gesamte Elektrode,

- Verstopfen des Diaphragmas,

- Memory-Effekte,

- Füllstand des Innenpuffers,

- elektrisches Rauschen, beeinflusst durch die Abschirmung des Anschlusskabels und

- Kreuzkontamination der Pufferlösungen.

Fehlerarten

Während des Betriebs einer Glaselektrode in einem Medium kann eine Vielzahl von Störungen auftreten, die die Funktion des Sensors beeinträchtigen und somit den Messwert unzuverlässig werden lassen. In Tabelle 1.1 sind die bekannten Störungsquellen von Glaselektroden und die Parameter, die die auftretenden Störungen repräsentieren, gegenübergestellt.

Ort der Störung	Parameter
Glasmembran	$R_L, E_{0,\text{Glas,Medium}}$
Diaphragma	R_R, E_5
Elektrolyt	$a_{H_3O^+,\text{Elektrolyt}}$

Tabelle 1.1: Orte, an denen Störungen auftreten können und Parameter, die die auftretenden Störungen repräsentieren.

Glasmembran	· träge Ansprechzeit, · erhöhter Membranwiderstand, · Abnahme der Steigung, · Nullpunktverschiebung.
Diaphragma	· driftende Anzeige, · Nullpunktverschiebung, · Abnahme der Steigung, · erhöhter Widerstand des Diaphragmas.
Elektrolyt	· Nullpunktverschiebung, · driftende Anzeige, · ungenaue Messwerte.

Tabelle 1.2: Orte von Defekten, die an einer pH-Glaselektrode auftreten können und deren Symptome.

In Tabelle 1.2 sind die wichtigsten Störungen, die an Glaselektroden auftreten können [64], kurz dargestellt.

Fehler der Elektrode können durch die übliche Prozedur der Zweipunktkalibration nicht erkannt werden [10, 65]. Hierfür sind mehrere Punkte erforderlich, um ein Auftreten von Nichtlinearitäten des Zusammenhangs zwischen dem pH-Wert des zu messenden Mediums und der Spannung der Glaselektrode erkennen zu können. Ein wichtiger Grund für das Auftreten von Nichtlinearitäten sind Diffusionspotentiale, besonders bei stark sauren oder stark alkalischen Messlösungen [120]. Die Diffusionspotentiale (E_5, s. Abschnitt 1.2.1) entstehen am Diaphragma aus der Bestrebung von Teilchen im Elektrolyten oder im Medium, den Konzentrationsgradienten zu minimieren. Dabei können Teilchen bis zu einer bestimmten

Größe, die durch die Poren des Diaphragmas festgelegt ist, durch das Diaphragma von beiden Seiten hindurch wandern, größere Teilchen werden jedoch nicht durchgelassen. Einen Überblick über Diffusionspotentiale zwischen dem Elektrolyten Kaliumchlorid (KCl), der im Inneren von Glaselektroden eingesetzt wird, und verschiedenen Medien gibt [48].

Die Lebensdauer von Glaselektroden ist sehr schwer abzuschätzen, da sie von vielen Faktoren während des Einsatzes der Elektrode abhängt. Die durchschnittliche Lebensdauer einer Elektrode kann zwischen einem bis zu drei Jahren variieren, wobei extreme Beanspruchung, wie sehr hohe pH-Werte und hohe Temperaturen und mechanische Belastung, die Lebensdauer auf wenige Wochen oder auch nur Tage verkürzen können [128]. Auch Beschädigungen durch unsachgemäße Handhabung sind häufig und verkürzen die Lebensdauer von pH-Elektroden [82]. Eine qualitative Vereinfachung auf die Einflussfaktoren Temperatur und pH-Wert ist in Tabelle 1.3 dargestellt. Dabei steht schwarz für eine vergleichsweise lange, grau für eine mittlere und weiß für eine kurze Lebensdauer einer pH-Glaselektrode. Damit kann tendenziell gesagt werden, dass hohe und niedrige pH-Werte sowie hohe Temperaturen die Lebensdauer verkürzen. Die Vereinfachung hier stellt eine Möglichkeit dar, die Alterung einer Glaselektrode abzuschätzen, ohne ihren tatsächlichen Zustand diagnostizieren zu müssen.

Hierbei bleibt jedoch unberücksichtigt, dass sich die Stärke einer Säure oder Lauge in der Regel nicht nur alleine durch den pH-Wert der Lösung abschätzen lässt; vielmehr sind andere Ionen als H_3O^+ an der Alterung der Glasmembran beteiligt. Hierfür sind in erster Linie Ionen von Alkalimetallen, also Elemente der ersten Hauptgruppe des Periodensystems wie Lithium, Natrium oder Kalium, verantwortlich [145].

Membrangläser haben eine begrenzte Lebensdauer aufgrund der Tatsache, dass sie chemisch nicht beständig sind. Effekte, die an der Oberfläche des Glases stattfinden, können durch Reinigung und Regeneration umgekehrt werden; Alterungseffekte im Inneren des Glases resultieren aus Reaktionen mit dem inneren Elektrolyten, einer Pufferlösung, und sind irreversibel.

Intakte Glaselektroden zeichnen sich durch ein elektrochemisches Gleichgewicht zwischen Membranglas und Messlösung aus, welches durch die

Chemische Bedingungen	Temperatur [°C]				
	5…25	25…45	45…65	65…85	85…105
$0 \leq \mathrm{pH} < 1$	▨	▨			
$1 \leq \mathrm{pH} < 2$	■	▨	▨		
$2 \leq \mathrm{pH} < 3$	■	■	▨	▨	
$3 \leq \mathrm{pH} < 7$	■	■	■	▨	▨
$7 \leq \mathrm{pH} < 10$	■	■	▨	▨	
$10 \leq \mathrm{pH} < 11$	■	▨	▨		
$11 \leq \mathrm{pH} < 12$	▨				
$12 \leq \mathrm{pH} < 13$	▨				
$13 \leq \mathrm{pH} \leq 14$					

Tabelle 1.3: Qualitative Abhängigkeit der zu erwartenden Lebensdauer von den Parametern Temperatur und pH-Wert (nach [87]). Schwarz steht für eine lange, grau für eine mittlere und weiß für eine kurze zu erwartende Lebensdauer der Glaselektrode.

Zusammensetzung des Glases bedingt ist. Die eingesetzten Gläser sind feste Elektrolyte, die aus einem unregelmäßigen Gitter zusammengesetzt sind. Das Gitter besteht aus Sauerstoff und beispielsweise Silizium oder Silizium und Aluminium mit festen anionischen Gruppen und ausgleichenden Kationen, die ein Alkaliion mit eingeschränkter Beweglichkeit enthalten [18]. Aus der beschriebenen Struktur heraus resultieren zwei entscheidende elektrochemische Eigenschaften der Elektrode.

Zum einen reagieren die beweglichen Kationen auf Änderungen der Konzentration der H_3O^+-Ionen und des daraus resultierenden Potentialgradienten und können das Gitter verlassen, falls das Glas insgesamt elektrisch neutral bleibt. Das Glas bleibt dann elektrisch neutral, wenn ein Austausch mit anderen Ionen stattfindet.

Zum anderen gehören ionische Gruppen, die sich in der unmittelbaren Glasoberfläche befinden, sowohl zum Glas als auch zur benachbarten Phase. Bei der unmittelbaren Glasoberfläche handelt es sich um die Quellschicht, an welche die ionischen Gruppen chemisch gebunden sind. Zur benachbarten Phase befinden sich die ionischen Gruppen direkt in Kontakt.

Daraus folgt, dass sich die ionischen Gruppen in der Quellschicht mit den Ionen in der Messlösung im Gleichgewicht befinden. Die Grenzflächen, in denen ein Gleichgewicht herrscht, sind elektrochemische Grenzflächen, welche ein Potential besitzen. Das Potential wird Grenzflächenpotential genannt. Das Grenzflächenpotential beeinflusst nicht nur das Potential der Phasengrenzfläche, sondern auch die Bedeckung der Oberfläche mit Ionen der Lösung. Das Potential der Phasengrenzfläche ist von der Ionenaktivität in der Messlösung abhängig. Das Potential der Phasengrenzfläche spielt eine große Rolle bei der Übertragung von Ionen in das Glas. Fehler resultieren daher oft aus einem räumlichen Hindernis, das die Ionen bei der Übertragung in das Glas hindert. Weitere Fehler können beispielsweise eine Wasseraufnahme, Wasseranlagerung oder Hydrolyse des Gitters sein, ebenso wie eine Reaktion von Komponenten des Glases miteinander [18].

Änderungen, die die Glasmembran betreffen, sind abhängig von der für die Membran eingesetzten Glassorte. Somit sind die Änderungen auch spezifisch für den Elektrodentyp. Die verschiedenen Glassorten unterscheiden sich in ihrer chemischen Zusammensetzung. Die Zusammensetzung klassischer Membrangläser wie das des MacInnes-Glases (Na_2O $3CaO$ $6SiO_2$) oder das von Lithiumgläsern wie Li_2O $2SiO_2$ sind bekannt [48]. Heute werden jedoch von den Elektrodenherstellern zum größten Teil eigene Gläser verwendet. Die Zusammensetzungen der verwendeten Membrangläser sind Betriebsgeheimnisse der Elektrodenhersteller und daher weder veröffentlicht noch auf anderem Wege öffentlich zugänglich.

Regeneration des Glases

Neben der Konditionierung, die die Lagerung der Glaselektrode im Elektrolyt Kaliumchlorid zur Vermeidung der Austrocknung der Quellschicht des Glases und zum Abbau von Diffusionspotentialen am Diaphragma bezeichnet [28], existiert mit der Regeneration des Glases eine weitere Möglichkeit zur Umkehrung von Alterungseffekten bei Glaselektroden. Die Regeneration verfolgt das Ziel, systematische Unterschiede zwischen der Konzentration der H_3O^+-Ionen $a_{H_3O^+,Medium}$ im Medium und an der sensitiven Oberfläche des Glases zu minimieren. Ebenfalls sollen dadurch zeitliche Verzögerungen, die durch Diffusionsprozesse von Ionen erklärt werden können, minimiert werden.

Die Regeneration einer Glaselektrode besteht aus zwei Schritten: Zuerst erfolgt die Reinigung, danach bei Bedarf das Ätzen. Im Folgenden werden die beiden Schritte näher erläutert.

Reinigung: Die Reinigung von Glaselektroden ist von zentraler Bedeutung. Sie sollte vor und nach der Kalibrierung der Elektrode erfolgen, um die Glaselektrode von anhaftenden Verunreinigungen aus dem Prozess zu befreien bzw. um die zur Kalibrierung verwendeten Pufferlösungen zu entfernen. Die Reinigung ist nötig, um die Pufferlösungen, mit denen die Elektrode kalibriert wird, nicht zu verunreinigen. Eine Verunreinigung ändert den pH-Wert der Pufferlösung und führt so zu einem verfälschten Kalibrierergebnis. Weiterhin ist eine Reinigung sinnvoll, um das Messmedium nicht zu verunreinigen. Glaselektroden, die mit einer Schmutzschicht überzogen sind, sprechen nur verzögert auf Änderungen des pH-Werts an. Sehr häufig werden Kalkablagerungen auf Glaselektroden vorgefunden, die aus dem Einsatz in hartem Wasser resultieren. Ein erster Versuch, die Kalkablagerungen zu entfernen, sollte darin bestehen, die Elektrode in Salzsäure zu spülen. Eine Spülung mit Salzsäure ist auch ein wirksames Mittel gegen Hydroxide von Schwermetallen, die häufig während Neutralisationen abgeschieden werden. Falls die Vorgehensweise nicht die gewünschte Wirkung zeigt, können aggressivere Lösungen eingesetzt werden, wie beispielsweise Salpetersäure für metallische Ablagerungen, Chromsäure für sehr hartnäckige organische Beläge und Harze oder Diethylether für Fette.

Ätzen: Die oberste Schicht der Glasmembran sollte nur dann mit Hilfe von Flusssäure geätzt werden, wenn alle anderen Reinigungsversuche erfolglos gewesen sind. Eine typische Regenerationslösung enthält $1\frac{mol}{l}$ Natriumfluorid und $2\frac{mol}{l}$ Salzsäure. Die zu regenerierende Elektrode verweilt etwa ein bis zwei Minuten in der ätzenden Lösung und wird dann mit Salzsäure gespült [48, 128]. Die Anwendung der beschriebenen Vorgehensweise zur Regenerierung ist nur wenige Male möglich, da hierbei die Glasmembran sehr stark angegriffen wird. Darüber hinaus ist es möglich, den Sensor mit Hilfe einer NaOH-Lösung (4%) und einer HCl-Lösung (4%) jeweils fünf Minuten zu spülen [128]. Die alternative Vorgehensweise ist für die Membran deutlich schonender. Sie kann bei Bedarf mehrere Male wiederholt werden.

1.2.2 Instandhaltung technischer Systeme

Grundlagen der Instandhaltung

Grundlage für die Instandhaltung ist die Norm DIN 31051 [5]. Danach ist die Instandhaltung, wie aus Abb. 1.4 ersichtlich, in Wartung, Inspektion, Instandsetzung und Verbesserung einzuteilen.
Glaselektroden werden von den Betreibern gewartet und inspiziert. Die Wartung umfasst dabei Schritte, die der Erhaltung der Funktion dienen. Darunter sind besonders Reinigungen oder Konditionierungen in Kaliumchlorid (KCl) während des Transports oder der Lagerung zu verstehen. Werden funktionstüchtige Glaselektroden aus dem Prozess genommen, um sie ins Labor zur Kalibrierung zu bringen, werden sie durch die Kalibrierung selbst inspiziert. Bei der Inspektion wird neben einer visuellen Begutachtung auch die ordnungsgemäße Funktion der Glaselektroden in Medien mit definierten pH-Werten durchgeführt.

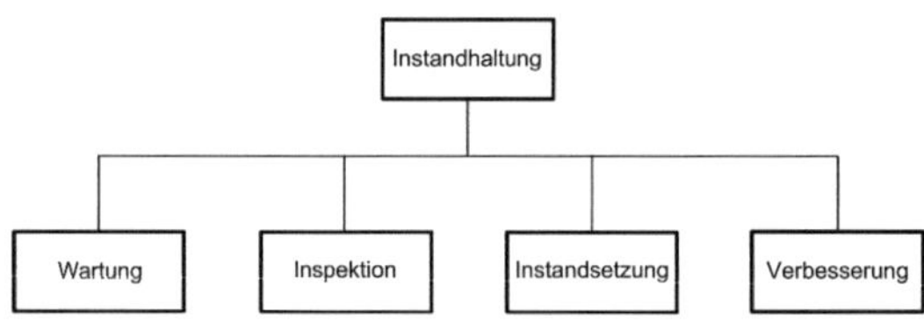

Abbildung 1.4: Unterteilung der Instandhaltung (nach [5]).

Die Instandhaltung ist nach [2, 5] die

Kombination aller technischen und administrativen Maßnahmen sowie Maßnahmen des Managements während des Lebenszyklus einer Betrachtungseinheit zur Erhaltung des funktionsfähigen Zustandes

*oder der Rückführung in diesen, sodass die geforderte Funktion er-
füllt werden kann.*

Eine ergänzende Definition gibt [132], wonach Maßnahmen der Instandhaltung als Eingriffe beschrieben werden, damit Assets (s. Abschnitt 1.2.4)
ihre optimale Einsatzdauer erreichen können.
Die Notwendigkeit zur Instandhaltung ergibt sich aus der Tatsache, dass
sich alle technischen Systeme während ihrer Lebensdauer auf unterschiedliche Art abnutzen. Um trotz Abnutzung funktionsfähig zu bleiben, besitzen technische Systeme einen Vorrat an möglichen Funktionserfüllungen,
der Abnutzungsvorrat genannt wird. Der Abnutzungsvorrat wird bei der
Nutzung des Systems abgebaut. Wenn der Abnutzungsvorrat durch den
Abbau eine Grenze, die Schadensgrenze, unterschritten hat, ist mit dem
Ausfall des Systems zu rechnen. Der Zusammenhang zwischen der Zeit
der Nutzung des Systems und dem Abnutzungsvorrat ist in Abb. 1.5 dargestellt.

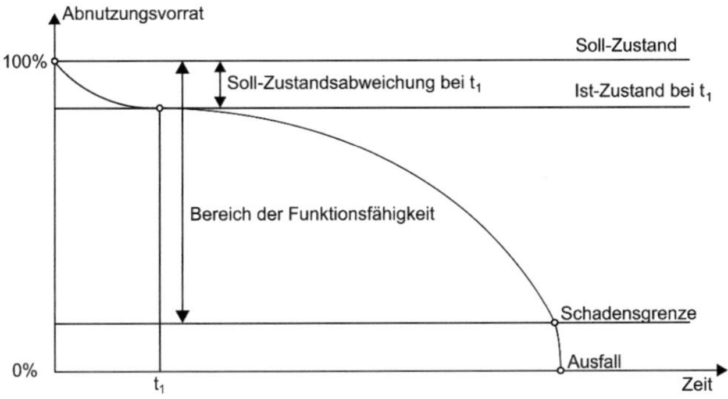

Abbildung 1.5: Zeitlicher Verlauf des Abnutzungsvorrates (nach [111]).

Im Sollzustand erfüllt das System seine Funktion zu 100%. Da aber ein
System bereits mit seiner Inbetriebnahme zu altern beginnt, wird eine
Soll-Zustandsabweichung eingeführt, mit der sich zu jeder Zeit t, z.B.
zur Zeit t_1, der aktuelle Zustand und damit die Abweichung vom Soll-
Zustand beschreiben lässt. Mit zunehmender Zeit, in der sich ein System
im Betrieb befindet, verringert sich der Abnutzungsvorrat stetig, wobei
das System jedoch in der Regel funktionsfähig bleibt.

Ziel der Instandhaltung ist es, die Wahrscheinlichkeit des Auftretens von Fehlern zu minimieren, wobei die Wahrscheinlichkeit eines Fehlers mit der Abnutzung zunimmt. Die Minimierung der Wahrscheinlichkeit wird dadurch erreicht, dass das System bei einem Abnutzungsvorrat, der oberhalb der Schadensgrenze liegt, gewartet oder ausgetauscht wird.
Sollte ein Fehler dennoch auftreten, ist das Ziel der Instandhaltung, das System wieder in einen funktionsfähigen Zustand zu versetzen. Ein Fehler ist nach [2, 5] ein

> *Zustand einer Betrachtungseinheit, in dem sie unfähig ist, eine geforderte Funktion zu erfüllen, ausgenommen die Unfähigkeit während der Wartung oder anderer geplanter Maßnahmen oder infolge des Fehlens äußerer Mittel.*

Tritt ein Fehler auf, muss er behandelt werden. Die Vorgehensweise hierzu ist in Abb. 1.6 dargestellt. Unter *Schwachstelle* wird hier ein Teilsystem verstanden, das der geforderten Verfügbarkeit durch Ausfälle nicht genügt. Bei einem solchen Teilsystem muss eine Verbesserung zur Erhöhung der Verfügbarkeit des Gesamtsystems möglich und wirtschaftlich vertretbar sein.
Für die Instandhaltung ist der Begriff der Wartung von besonderer Bedeutung. Er wird in [5] definiert als

> *Maßnahmen zur Verzögerung des Abbaus des vorhandenen Abnutzungsvorrats,*

wobei der Abbau durch chemische oder physikalische Vorgänge verursacht werden kann. Vorgänge, die zum Abbau des Abnutzungsvorrats beitragen, sind beispielsweise Reibung, Korrosion oder Alterung. Die Abnutzung ist ein natürlicher, unvermeidbarer Prozess. Die Quantifizierung des Prozesses der Abnutzung wird als Diagnose bezeichnet. Grundlagen zur Diagnose technischer Systeme sind in Abschnitt 1.2.3 erläutert.

Strategien der Instandhaltung

Strategien zur Instandhaltung technischer Systeme dienen allgemein zur Systematisierung der Instandhaltung. Sie orientieren sich dabei an den

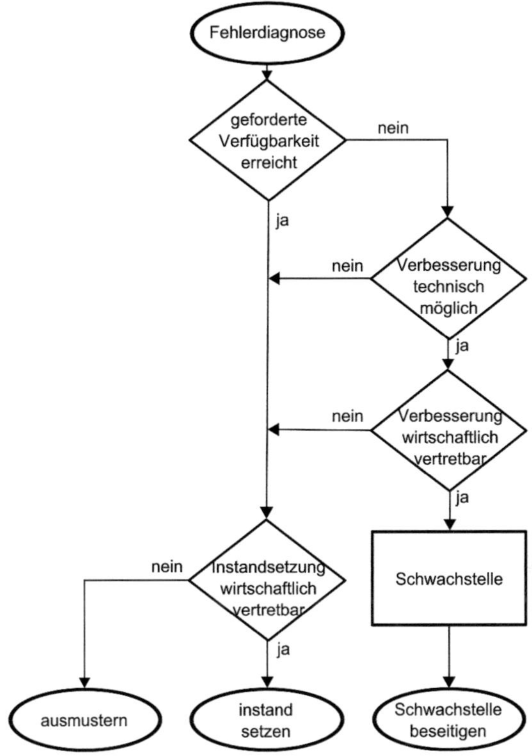

Abbildung 1.6: Fehleranalyse (nach [5]).

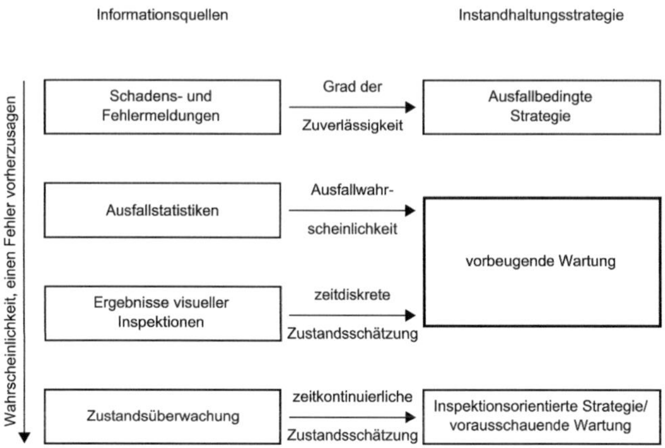

Abbildung 1.7: Strategien der Instandhaltung (nach [25]).

Tätigkeiten, die die Instandhaltung auszeichnen, sowie an den Informationen, die über den Zustand eines Systems zur Verfügung stehen. Es werden dabei nach [25, 30, 111] und nach Abb. 1.7 folgende Arten unterschieden:

Ausfallbedingte Strategie: Die ausfallbedingte Instandhaltung basiert auf der störungsbedingten Instandsetzung und muss ungeplant durchgeführt werden, wenn ein System ausgefallen ist. Vorteile der ausfallbedingten Instandhaltung liegen in der kostengünstigen und schnellen Ausführung. Nachteile ergeben sich dadurch, dass die Kosten, die der Ausfall an sich verursacht, mit der Größe der produzierenden Anlage wachsen. Das ist in erster Linie mit der Nichtverfügbarkeit und dem damit verbundenen Produktionsausfall zu erklären.

Strategie der vorbeugenden Wartung: Eine vorbeugende Wartung kommt dort zum Einsatz, wo sich bestimmte Einheiten oder Systeme in bekannten Zeiten abnutzen oder vollständig ausgetauscht und ersetzt werden. Eine Überprüfung der zu ersetzenden Einheiten vor dem Austausch findet nicht statt. Auch besondere Gründe, wie beispielsweise Anlagensicherheit oder Qualitätssicherung, sind Anlass für eine vorbeugende Wartung.

Inspektionsorientierte Strategie: Die inspektionsorientierte Wartung zeichnet sich durch eine wiederholte Prüfung funktions- und qualtätsbestimmender Komponenten in einer Anlage aus. Eine wiederholte Prüfung findet in festen Intervallen statt. Ein Spezialfall der inspektionsorientierten Strategie ist die vorausschauende oder auch zustandsorientierte Wartung. Hier ist der aktuelle Zustand eines Systems Grundlage für die Entscheidung, das System zu warten oder auszutauschen. Um die inspektionsorientierte Strategie realisieren zu können, ist es notwendig, über Informationen des tatsächlichen Zustands zu verfügen. Alternativ kann auch eine Zustandsschätzung erfolgen.

Strategie der geplanten Instandsetzung: Die geplante Instandsetzung verfolgt das Ziel, nicht nur den anfänglichen Sollzustand wiederherzustellen, sondern auch alternative Lösungen zu finden. Alternative Lösungen werden unter Einbeziehung ökonomischer, ökologischer und verfahrenstechnischer Alternativen gefunden. Es muss entschieden werden, ob ein Asset instandgesetzt oder ausgetauscht wird. Bei der Entscheidung wird ein Modell berücksichtigt, in dem verschiedene Einflussgrößen, Rahmenbedingungen und Alternativen verglichen und nach einer Kosten-Nutzen-Analyse bewertet werden.

Aus rechtlichen oder wirtschaftlichen Gründen werden heute nicht alle aufgezählten Strategien der Instandhaltung umgesetzt [111].
Da die Sicherheit für Personen und Umwelt heute im Vordergrund steht, sind reine ausfallbedingte Instandhaltungsstrategien in den meisten Anlagen und Geräten gesetzlich längst untersagt. Weiter ist es möglich, dass durch die Fixierung auf die Instandhaltung Schwachstellen in der Produktion nicht beseitigt werden.
Die vorbeugende Wartung hat mit der Zeit an Bedeutung verloren, in erster Linie aus Kostengründen. Weiter erfüllen viele technische Systeme heute hohe Anforderungen bezogen auf ihre Zuverlässigkeit und Ausfallsicherheit, sodass eine vorbeugende Wartung oftmals nicht mehr notwen-

dig ist.

Um die Auflagen, die gesetzlich an die Betreiber von Anlagen gestellt werden, erfüllen zu können, hat die inspektionsorientierte Instandhaltungsstrategie zunehmend an Bedeutung gewonnen. Den Betreibern werden die Auflagen erteilt, die betreffenden Anlagen durch ständige Überwachung bzw. Inspektion durch wiederkehrende Funktionsprüfung auf ihre Zuverlässigkeit zu testen und die Ergebnisse zu dokumentieren.

Die geplante Instandhaltung stellt heute eine ebenso wichtige Vorgehensweise dar, die neben technischen auch betriebswirtschaftliche Aspekte einbezieht.

In Industrieunternehmen wird heute eine der Art der Anlage angepasste Instandhaltungsstrategie genutzt. pH-Glaselektroden müssen bislang in festen Intervallen kalibriert werden, um die Messgenauigkeit sicher zu stellen. Bei der Kalibrierung wird der Zustand des Sensors sowohl durch eine Sichtprüfung als auch durch die Kalibrierparameter bewertet.

Danach findet für pH-Glaselektroden die inspektionsorientierte Instandhaltung Anwendung.

1.2.3 Diagnose technischer Systeme

Das Problem der Diagnose technischer Systeme wird auf vielfältige Art gelöst. Der Diagnose wird heute ein hoher Stellenwert beigemessen [119], da sie einen wichtigen Beitrag zum Asset-Management (Abschnitt 1.2.4) leistet und so hilft, Kosten zu senken. Die eingesetzten und bekannten Verfahren lassen sich wie folgt einteilen:

Modellbasierte Verfahren: Grundlage modellbasierter Verfahren sind mathematische Modelle der Prozesse oder der Systeme, die diagnostiziert werden sollen. Das Grundprinzip der am häufigsten verwendete Methode ist die Generierung von Residuen anhand gemessener Eingangs- und Ausgangsgrößen aus dem Modell [29, 36, 45, 46, 66–69, 71, 108, 109, 135]. Die Verfahren zur Parameterschätzung führen die Änderung des Systemverhaltens auf Veränderungen einzelner Parameter des Modells zurück, die in der Regel direkt interpretierbar sind. Dazu ist ein hinreichend genaues Modell erforderlich sowie eine definierte Anregung des Systems [126].

Verwendet werden neben Modellen, die die Struktur des Systems beschreiben, auch kostenbasierte Modelle aus den Wirtschaftswissenschaften, die unter anderem den Aufwand bzw. die Kosten für Wartung, Austausch und Ausfall eines Systems beinhalten [30, 34, 35, 52, 91, 142].

Signalbasierte Verfahren: Signalbasierte Verfahren werten Messwerte direkt in Form einer Grenzwert- oder Trendüberwachung aus. Wird ein Grenzwert über- bzw. unterschritten, deutet das Verhalten auf einen Fehler hin. Bei einer Trendüberwachung wird das in seinem Grundverlauf bekannte Signal überwacht. Ein Trend, der vom Grundverlauf abweicht, lässt auf einen Fehler schließen. Weiter umfassen signalbasierte Verfahren eine dynamische [16] oder spektrale Auswertung [60, 105] eines Signals.

Data-Mining-Verfahren: Data-Mining-Verfahren suchen innerhalb vorhandener Datensätze über enthaltene Merkmale nach Zusammenhängen zwischen verschiedenen Größen. Damit sind Zusammenhänge zwischen Fehlern und Signalverläufen einfach beschreibbar, ohne über ein systemspezifisches Hintergrundwissen zu verfügen. Vorausgesetzt werden muss eine hinreichend große Datenmenge mit bekannten Quantifizierungen der jeweiligen Zustände [126] zum Training der eingesetzten Klassifikatoren, um aus neuen Datensätzen den Zustand mit einer großen Wahrscheinlichkeit klassifizieren zu können. Eingesetzt werden hierfür bislang hauptsächlich Künstliche Neuronale Netze (KNN) [21, 62, 83, 109, 133].

Wissensbasierte Verfahren: Hier werden Kenntnisse über mögliche Fehlerarten [82] oder Wissen über Signaleigenschaften, die in der Vergangenheit eines Prozesses ermittelt wurden, als Referenz verwendet, um daraus für zukünftige Messungen Fehlerzustände abzuleiten [112, 134]. Weiter ist es möglich, einen Fehlerzustand aus verschiedenen Informationen abzuleiten. Dazu zählen beispielsweise Erwartungen über den weiteren Verlauf des Messwerts, die Historie des Messwerts, redundante Messgeräte der gleichen Art, andere Messgeräte, sowie die Zustände am Prozess beteiligter Stellglieder [11]. Ebenfalls wird statistisches Wissen und Wissen des Betreibers eines Systems verwendet, um Ausfälle und Wartungsintervalle vorherzusagen [25].

Die einzelnen Verfahren zur Fehlerdiagnose sind nur schwer auf ihre allgemeine Eignung zu bewerten. Hier ist es angebracht, für jedes Problem geeignete Verfahren zu bestimmen und auf ihre Genauigkeit und Zuverlässigkeit hin zu untersuchen.
Modellbasierte Verfahren sind dort angebracht, wo sich ein Modell mit hinreichender Genauigkeit in einem vertretbaren zeitlichen Rahmen erstellen lässt. Weiter müssen sowohl Ein- als auch Ausgang des untersuchten Systems für eine Diagnose bekannt sein.
Die signalbasierten Verfahren zur Fehlerdiagnose sind am einfachsten umzusetzen, bringen aber auf Grund ihrer Einfachheit Einbußen in Bezug auf ihre Genauigkeit mit sich.
Data-Mining-Verfahren lassen eine Fehlerdiagnose zu, ohne das spezifische Systemverhalten explizit kennen zu müssen. Damit ist eine Diagnose auch ohne weitere Einarbeitung in systemspezifische Zusammenhänge möglich. Nachteile sind in der für eine zuverlässige Funktionalität notwendigen großen Datenmenge und in möglichen Fehlinterpretationen beobachteter Zusammenhänge zu sehen.
Eine wissensbasierte Fehlerdiagnose ist dort anwendbar, wo die Betreiber einer Anlage aus ihrer Erfahrung über ein hohes spezifisches Systemwissen verfügen. Nachteile ergeben sich aus dem Transfer des Wissens in den Entwicklungsprozess des Diagnosesystems.

Zur Diagnose von pH-Glaselektroden werden heute bereits Systeme eingesetzt, die einen direkten Zusammenhang zwischen den Prozessvariablen pH-Wert und Temperatur und der zu erwartenden Standzeit einer Elektrode herstellen. Ein Beispiel hierfür ist Tabelle 1.3 [87]. Der dargestellte Zusammenhang wurde auch in Schutzrechten [43, 140] nachgebildet. Die Umsetzung erfolgt durch die Addition temperatur- und pH-abhängiger Summanden. Zu Zeitpunkten, an denen die so gebildete Summe fest definierte Schwellwerte übersteigt, wird die Empfehlung zur Kalibrierung bzw. zum Austausch des Sensors gegeben.

1.2.4 Asset-Management

Definition

Der Begriff *Asset-Management* umfasst die Verwaltung des gesamten Unternehmensvermögens. Als Teilbereich dessen beinhaltet das anlagennahe Asset-Management verschiedene Prozesse, wie die Planung und die Überwachung von Assets[4] während deren gesamter Einsatzdauer [15]. Wesentliche Informationen, die das Asset-Management benötigt, beschreiben den technischen Zustand der Assets, der während der Diagnose (s. Abschnitt 1.2.3) ermittelt wurde. Über den technischen und den betriebswirtschaftlichen Zustand ist es mit einem Asset-Management-System möglich, die Strategie der vorbeugenden Wartung (s. Abschnitt 1.2.2) zu implementieren.

Dem Asset-Management kommt eine wachsende weltweite Bedeutung aufgrund der Überalterung des Anlagevermögens zu [50].

Nach dem Verständnis der NAMUR[5] umfasst der Begriff *Assets* die gesamte Hardware in chemischen oder pharmazeutischen Produktionsanlagen [77]. Dazu zählen Geräte der Prozessleittechnik, Maschinen, Apparate, Rohrleitungen und Bauwerke bzw. Einheiten, die sich aus den genannten einzelnen Komponenten zusammensetzen. Für die Prozessindustrie, die zu den Hauptnutzern von pH-Glaselektroden zählt, kann eine hierarchische Einteilung der Assets [58] vorgenommen werden:

- Assets auf Anlagenebene,

- Assets auf der Ebene der Teilanlage sowie

- Assets auf der Ebene des Anlagenteils.

Unter Assets auf Anlagenebene werden allgemein vollständige Anlagen zur Produktion von Erzeugnissen verstanden. Assets auf der Ebene der Teilanlage beinhalten alle Komponenten einer Anlage, die in sich abgeschlossene Einheiten darstellen und Vorprodukte sowie Hilfsgrößen zur

---

[4] *engl.* Vermögenswert, Aktivposten; damit kann *Asset-Management* nach [103] auch mit *Vermögensverwaltung* übersetzt werden.

[5] Interessengemeinschaft Automatisierungstechnik der Prozessindustrie, ursprünglich: Normenarbeitsgemeinschaft für Meß- und Regeltechnik in der chemischen Industrie

Erzeugung des Endproduktes der gesamten Anlage liefern. Assets auf der Ebene des Anlagenteils umfassen alle Komponenten, die entweder einzelne Teilanlagen miteinander verbinden oder als Hilfsmittel zur Steuerung des Prozesses benötigt werden.

Zu den Hilfsmitteln zählen unter anderem die Feldgeräte, zu denen Glaselektroden zuzuordnen sind.

Eine Besonderheit des Asset-Managements ist das Online-Asset-Management, welches alle Teile der technischen Ausrüstung umfasst, die Informationen in Echtzeit über ein Kommunikationsnetz, wie beispielsweise HART[6] oder ein anderes Bussystem, zur Verfügung stellen [99]. Grundlage hierfür ist die Ermittlung und Abbildung des Zustands von Feldgeräten und Komponenten der Anlage, damit eine sichere Früherkennung von Störungen und damit ein Konzept für eine präventive Instandhaltung sowohl für einzelne Feldgeräte als auch für Anlagenteile oder Anlagen umsetzbar wird [100].

Zur effizienten Verwaltung der Assets ist es notwendig, sowohl den technischen, den prozesslichen und den betriebswirtschaftlichen Zustand zu kennen. In Bezug auf die Instandhaltung ist insbesondere der technische Zustand von Interesse. Die Ermittlung des technischen Zustands eines Assets wird auch als *Condition Monitoring* bezeichnet. Die Einordnung des Condition Monitoring im Plant-Asset-Management ist aus Abb. 1.8 ersichtlich. Hiernach bildet das Condition Monitoring den grundlegenden funktionalen Bestandteil eines Asset-Management-Systems. Darauf aufbauend folgt das Process Unit Monitoring, welches einzelne Teile einer Anlage überwacht. Die abschließende übergeordnete Schicht ist das Performance Monitoring, das die gesamte Anlage und den Prozess, der in ihr abläuft, kontrolliert.

Da pH-Glaselektroden, wie bereits erwähnt, als Feldgeräte zu den Hilfsmitteln auf Ebene der Anlagenteils gehören, muss ein Diagnosesystem auf Ebene des Condition Monitoring angesiedelt werden. Aufgrund der in Abschnitt 1.2.1 erläuterten Fehlerarten muss ein solches Diagnosesystem sowohl Prozess- als auch Kalibrierdaten verwenden. Auf Anlagenebene muss, um die gewonnenen Daten verwenden zu können, ein geeignetes Asset-Management-System vorhanden sein.

---

[6] Highway Addressable Remote Transducer

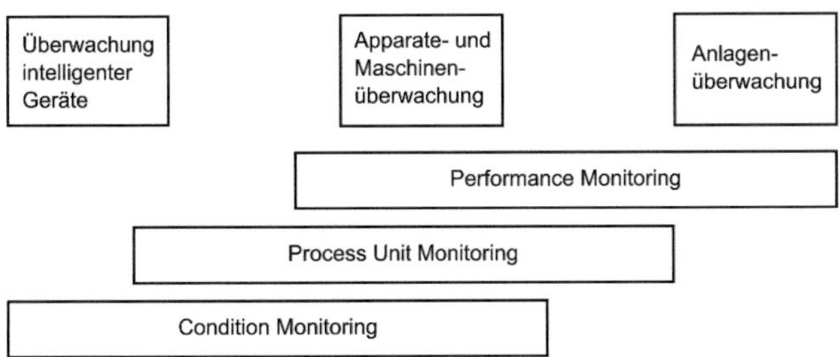

Abbildung 1.8: Bestandteile des Plant-Asset-Managements (nach [137]).

Aufgaben und Ziele des Asset-Managements

Als spezifische Ziele in der Prozessindustrie können folgende Punkte genannt werden:

1. Sicherstellen einer vorgegebenen Messzuverlässigkeit bei minimiertem Kostenaufwand,

2. Ausschöpfen der Nutzungsdauer von Betriebsmitteln,

3. stärkere Auslastung von Anlagen, sowie

4. Nutzen von Synergiepotentialen durch automatisierte Entscheidungsfindung.

Sekundäres Ziel des Asset-Managements ist es, den bestmöglichen Nutzungsgrad für die eingesetzten Assets zu erreichen. Dafür ist es wesentlich, nicht nur die Assets an sich zu verwalten, sondern alle anlagennahen Aktivitäten unterschiedlicher Funktion im Unternehmen, wie beispielsweise Instandhaltung, Investition, Einkauf oder Finanzierung zu betrachten [107].
Ziel eines Asset-Management-Systems ist es, die genannten Teilgebiete über eine Verknüpfung von leistungsbezogenen Indikatoren auf der technischen Prozessebene mit den Leistungskennzahlen der operativen und strategischen Planungsebene zusammenzuführen, um die Prozesssteuerung zur Kostenoptimierung sicherzustellen.

Hieraus folgt das primäre Ziel eines jeden Asset-Management-Systems: die Optimierung (d.h. Minimierung) der Herstellkosten der Erzeugnisse. Das Ziel des minimalen Aufwands für die Instandhaltung ist in der Regel dem Ziel, die geforderte Verfügbarkeit zu erreichen, untergeordnet [77].

Prozessleitsysteme

Prozessleitsysteme sind Teil der Prozessführung. Mit Hilfe von Prozessleitsystemen werden Betriebsleitungen bei der Führung von Anlagen und bei der Steuerung und Überwachung von Produktionsprozessen unterstützt.

Im allgemeinen Fall umfassen Prozessleitsysteme alle leittechnischen Einrichtungen zwischen den messenden und stellenden Elementen, also den Sensoren und Aktoren, und dem Bediener, der den Prozess steuert. Ein Prozessleitsystem erfüllt nach [111] folgende Aufgaben:

Prozess führen: Das selbsttätige Führen von Einheiten der Anlage bzw. des Prozessablaufs muss durch das Prozessleitsystem möglich sein.

Prozess sichern: Funktionen, die in den Prozess eingreifen, um Fehler zu vermeiden, haben eine höhere Priorität als die Vorgaben des Bedieners.

Anzeigen: Hierin sind Funktionen enthalten, die dem Bediener den Zustand der Anlage und des Prozesses anzeigen.

Melden: Funktionen, die den Bediener über bestimmte, für den Betrieb der Anlage oder den Ablauf des Prozesses wesentliche Ereignisse informieren, sind vorzusehen.

Archivieren: Bestimmte eingetretene Ereignisse und Verläufe von Zustandsgrößen der Anlage oder des Prozesses müssen archiviert werden.

Protokollieren: Hierunter werden Funktionen verstanden, die aufgrund eines wesentlichen Anlasses innerhalb der Anlage oder des Prozesses archivierte und aktuelle Daten auslesen, auswerten und ausgeben.

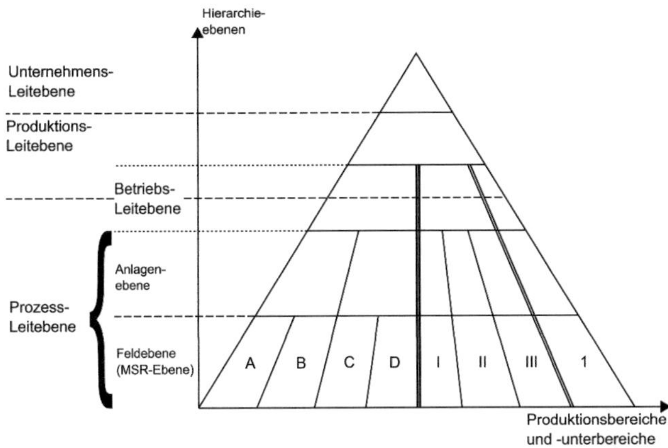

Abbildung 1.9: Leitebenen in Produktionsunternehmen (nach [111]).

Die Einordnung von Prozessleit- und Asset-Management-Systemen in die Struktur des Unternehmens ist aus Abb. 1.9 ersichtlich. Hiernach sind Prozessleitsysteme auf der Prozessleitebene einzuordnen, die in sich die Anlagen- und die Feldebene[7] enthält. Dabei ist die Feldebene der Anlagenebene untergeordnet.

Prozessleitsysteme sind somit auch Teil des Asset-Managements; Asset-Management-Systeme umfassen das gesamte Unternehmen und verknüpfen technische, prozessliche und betriebswirtschaftliche Zustände von Anlagegütern bzw. Betriebsmitteln eines Unternehmens.

Zusammenfassung

Das Asset-Management ist in Betrieben der Prozessindustrie notwendig, um das primäre Ziel jedes produzierenden Unternehmens zu erfüllen: die Minimierung der Herstellkosten der produzierten Güter. Hierzu ist es zwingend erforderlich, nicht nur die betriebswirtschaftlichen und prozesslichen Zustände der eingesetzten Assets zu kennen, sondern auch die technischen Zustände der verwendeten Betriebsmittel. Deshalb sind Informationen über den Zustand der Betriebsmittel für unterschiedliche

---

[7] auch: MSR-Ebene, für: Messen-Steuern-Regeln

Abteilungen und Führungsebenen von Interesse, da die Effizienz der Prozesse und Prozessabschnitte dadurch direkt beeinflusst wird [106]. Nur durch eine Zustandsermittlung bzw. Zustandsüberwachung lässt sich das Ziel eines ganzheitlichen Asset-Management-Systems durch ein frühzeitiges Erkennen eines bevorstehenden Ausfalls [131] realisieren.

1.2.5 Offene Probleme

Aus den vorigen Abschnitten heraus ergeben sich folgende offene Probleme, die zu einer zuverlässigen Diagnose elektrochemischer Sensoren gelöst werden müssen:

1. Eine einheitliche Vorgehensweise beim Entwurf von Diagnosesystemen für elektrochemische Sensoren existiert nicht. Eine systematisierte Vereinheitlichung der Vorgehensweise zum methodischen Entwurf eines Diagnosesystems ist derzeit nicht Stand der Technik.

2. Ein einheitliches Konzept zur Diagnose bzw. zur prädiktiven Wartung elektrochemischer Sensoren ist nicht bekannt. Bereits erhältliche Systeme beschränken sich auf die Erkennung einfacher Fehler oder auf Alterungsheuristiken, die eine mittlere Abnutzung des Sensors zu Grunde legen. Jedoch sind sie nicht in der Lage, dem Benutzer zuverlässige Informationen über den tatsächlichen Zustand eines elektrochemischen Sensors zu geben, da sowohl Abnutzung als auch Ausfallgrenzen vom Prozess abhängen.

3. Bei der Auswahl der Algorithmen zum Einsatz in der Diagnose werden derzeit modulare Ansätze nicht verfolgt. Standard sind Einzellösungen.

1.3 Ziele und Aufgaben

Ziel der vorliegenden Arbeit ist es, ein neues Konzept zur Bereitstellung einer Zustandsinformation für elektrochemische Sensoren zu entwickeln. Auf diesem Weg müssen folgende Aufgaben bearbeitet werden:

1. Konzeption eines Ansatzes zur Vereinheitlichung der Problemstellungen in der Diagnose elektrochemischer Sensoren.

2. Entwurf eines prozessspezifischen Konzepts zur prädiktiven Wartung elektrochemischer Sensoren am Beispiel von pH-Glaselektroden. Das prozessspezifische Konzept baut auf dem Ansatz zur Vereinheitlichung der Problemstellungen in der Diagnose auf. Ein modulares Konzept dient der Anpass- und Austauschbarkeit der unterlegten Teilaufgaben.

3. Implementierung des Konzepts zur prädiktiven Wartung elektrochemischer Sensoren. Das Implementierungskonzept muss ebenfalls modular aufgebaut sein, um eine einfache Austausch- und Anpassbarkeit der hinterlegten Algorithmen zu gewährleisten.

4. Nachweis der Funktionsfähigkeit. Die Ergebnisse der Anwendung des Konzepts auf Daten aus Laborversuchen sowie aus industriellen Anwendungen lassen Schlüsse auf die Anwendbarkeit des Verfahrens zu.

5. Modellierung der Alterung von pH-Glaselektroden. Das Fehlermodell trägt dazu bei, die während der Entwicklung des prozessspezifischen Konzepts getroffenen Annahmen zu überprüfen und gegebenenfalls zu bestätigen.

In Kapitel 2 werden Anforderungen an eine neue Diagnosefunktionalität formuliert. Anschließend wird eine Vorgehensweise hergeleitet, die eine Vereinheitlichung der Problemstellungen in der Diagnose elektrochemischer Sensoren zulässt. Daraus wird ein neues Konzept zur Diagnose hergeleitet. Anhand eines entwickelten Benchmarkdatensatzes wird die grundlegende Funktionsfähigkeit des Ansatzes gezeigt. In Kapitel 3 wird die praktische Anwendung des Diagnosesystems gezeigt. Ergebnisse werden anhand von Datensätzen aus einem Laborversuch und aus industriellen Anwendungen diskutiert. Ein neuartiges Fehlermodell zur Verifikation der Annahmen wird in Kapitel 4 beschrieben.
Die Arbeit wird in Kapitel 5 zusammengefasst.

In Anhang A.1 wird der in Kapitel 2 verwendete EM-Algorithmus näher erläutert. Anhang A.2 gibt einen Überblick über die in den Kapiteln 2 bis 4 verwendeten Begriffe.

2 Neues Konzept zur Diagnose von pH-Glaselektroden

Im vorliegenden Kapitel wird ein neues Konzept zur Diagnose elektrochemischer Sensoren am Beispiel von pH-Glaselektroden beschrieben. Auszüge wurden bereits in [55, 56] vorgestellt. Ebenso wurde eine Patentanmeldung eingereicht, die derzeit als Offenlegungsschrift [9] veröffentlicht ist. Zuerst werden die Anforderungen an ein neuartiges Diagnosesystem formuliert (Abschnitt 2.1), welche bei der Entwicklung zu berücksichtigen sind. Es folgt in Abschnitt 2.2 ein Ansatz zur Vereinheitlichung der Problemstellungen, die beim Entwurf einer Diagnosefunktionalität für elektrochemische Sensoren auftreten. Dieses Verfahren dient zur Erleichterung der Entwicklung eines Diagnosesystems für elektrochemische Sensoren. Die dabei auftretenden Fragen werden anhand des konkreten Beispiels von pH-Glaselektroden beantwortet. In Abschnitt 2.3 wird das neue Diagnosekonzept vorgestellt. Zur Evaluation des neuen Verfahrens zur Diagnose ist ein künstlicher Benchmarkdatensatz zweckmäßig, dessen Entwicklung in Abschnitt 2.4 beschrieben ist. Die grundlegenden Schritte des neuen Verfahrens werden in den Abschnitten 2.5 und 2.6 unter Verwendung des Benchmarkdatensatzes aus Abschnitt 2.4 detailliert ausgeführt. Abschnitt 2.7 beschreibt die Grundlagen der Implementierung des neuartigen Diagnoseverfahrens. Eine abschließende Bewertung erfolgt in Abschnitt 2.8.

Zum besseren Verständnis werden die verwendeten Begriffe in Anhang A.2 näher erläutert.

2.1 Anforderungen an eine neuartige Diagnosefunktionalität

Die Ausarbeitung von Anforderungen an ein neues Konzept zur Diagnose von pH-Glaselektroden stellt einen wichtigen methodischen Schritt bei dessen Entwicklung dar. Durch die Schritt werden Ziele und Randbedingungen für das Diagnosesystem formuliert, die in dessen Konzeption einfließen. Die Ziele und Randbedingungen wurden mit Hilfe der Empfehlung NE 107 der NAMUR [6], der Roadmap Prozess-Sensoren [101], der ISO/IEC 9126 [3] und der DIN EN ISO 9241 [8] entwickelt. ISO/IEC 9126 und DIN EN ISO 9241 kommen hier besondere Rollen zu, da die aus ihnen resultierenden Anforderungen direkt die Schnittstelle zum Anwender bilden.

Verlässlichkeit: Das System muss den tatsächlichen Zustand des Sensors möglichst exakt abbilden. Hierdurch ist es dem Benutzer möglich, die geeignete Wartungsmaßnahme zu ergreifen. Wartungsmaßnahmen, die aus einer falschen Diagnoseinformation resultieren, müssen vermieden werden, um den finanziellen Aufwand durch nicht notwendige Wartungsmaßnahmen zu minimieren und um die Akzeptanz der Benutzer gegenüber dem Diagnosesystem nicht zu gefährden. Aus den beschriebenen Gründen ist der Anforderung Verlässlichkeit die höchste Priorität zuzuweisen.

Funktionalität: Das Diagnosesystem muss sich dafür eignen, den Zustand des Sensors abzubilden. Mit vorhandenen Asset-Management-Systemen und den Benutzern bzw. Anwendern muss das System interagieren können. Durch eine Interaktion kann die gewonnene Diagnoseinformation in konkrete Handlungen umgesetzt werden.

Zeitnähe: Die Diagnose eines Sensorsystems muss zeitnah erfolgen. Unter Zeitnähe wird im Fall elektrochemischer Sensoren bei einer Diagnose ein zeitliches Intervall verstanden, welches sich in die üblichen Arbeitsabläufe integriert, um nicht notwendigen Aufwand an Personalressourcen zu vermeiden. Es darf beim Benutzer selbst nicht der Eindruck entstehen, dass eine Diagnosefunktionalität die üblichen Arbeitsabläufe verlängert, um die Akzeptanz eines solchen Systems nicht zu gefährden.

Überwachung der Spezifikationen: Die Diagnosefunktionalität muss dazu in der Lage sein, die Einhaltung der spezifizierten Einsatz- bzw. Betriebsbedingungen zu überwachen. Sollte der Sensor außerhalb der Einsatzbedingungen betrieben werden, muss das Diagnosesystem das Über- oder Unterschreiten der Spezifikationen anzeigen können. Die so gewonnenen Informationen sind einerseits für den Anwender wichtig, da er hierdurch extreme Fehler innerhalb des Prozesses erkennen kann. Andererseits erhält auch der Sensorhersteller im Schadensfall eine Information darüber, ob der Sensor im Rahmen der zugelassenen Einsatzbedingungen betrieben wurde.

Dokumentation: Die Diagnosefunktionalität eines Sensors muss deutlich beschrieben und dokumentiert werden. Bei der Beschreibung müssen die für die Diagnosefunktionalität wichtigen Parameter erwähnt und erläutert werden. Die Methoden der Diagnose müssen erklärt werden. Über Parameter, die sich aus der Diagnose ergeben, muss bekannt sein, ob sie im Sensor gespeichert werden und ob sie vom Anwender verändert werden können. Falls eine Änderung durch den Anwender möglich ist, muss dokumentiert sein, wie und in welchem Umfang der Anwender Änderungen vornehmen kann.

Zuverlässigkeit: Das System muss die Fähigkeit besitzen, unter allen denkbaren Umgebungsbedingungen einen Wert für den aktuellen Zustand und die Lebensdauer auszugeben. Eine falsche Diagnoseinformation, wie unter Verlässlichkeit beschrieben, muss aus den genannten Gründen vermieden werden. Zudem muss das Diagnosesystem eine hohe Verfügbarkeit aufweisen. Diese trägt ebenso zur Akzeptanz des Systems bei.

Änderbarkeit: Das System zur Diagnose muss modifizierbar sein. Hierunter wird die Fähigkeit des Systems verstanden, Teile an neue Anforderungen anzupassen. Neue Anforderungen an das Diagnosesystem können einerseits vom Anwender formuliert werden, andererseits aber auch durch Institutionen, wie z.B. Verbände (VDI[1], VDE[2] oder NAMUR) oder Normungsorganisationen (DIN[3], ISO[4] oder IEC[5]) vorgegeben werden. Ebenso wichtig ist es, dass auch neue Erkenntnisse und Anwendererfahrungen in das Diagnosesystem einfließen können. Hierzu muss das System modular aufgebaut sein, um neue Anforderungen und Erkenntnisse mit vergleichsweise kleinem Aufwand umsetzen und integrieren zu können.

Benutzbarkeit: Das Diagnosesystem muss benutzbar sein. Unter Benutzbarkeit wird nach [8] im Wesentlichen die Eigenschaft eines Systems bzw. einer Software verstanden, dem Benutzer eine geeignete Funktionalität zu bieten. Wichtige Funktionen müssen enthalten sein, unwesentliche Funktionen sollten nicht integriert werden. Grund hierfür ist, die Zeit zum Erlernen der Benutzung zu minimieren. Ebenso soll der laufende Aufwand zur Anwendung minimiert werden.

Mit Hilfe der formulierten Anforderungen und den Ansätzen zur Vereinheitlichung der Problemstellungen in der Diagnose elektrochemischer Sensoren (Abschnitt 2.2) kann eine Diagnosefunktionalität entworfen werden.

Beim Entwurf der Diagnosefunktionalität werden im Folgenden die Anforderungen *Funktionalität, Zeitnähe, Zuverlässigkeit* und *Änderbarkeit* betrachtet. Die Anforderung *Überwachung der Spezifikationen* wurde von den meisten Sensorherstellern bereits umgesetzt. Die Anforderung *Benutzbarkeit* muss an das System gestellt werden, in welches sich das Diagnosesystem einfügen muss, wie beispielsweise Asset-Management-Systeme oder auch Geräte auf Feldebene, die den Sensoren übergeordnet sind.

Für die Rückschlüsse, die aus der Diagnosefunktionalität gezogen werden, ist der Anwender verantwortlich, dem auch die Interpretation und Anwendung der durch die Diagnosefunktionalität ermittelten Ergebnisse überlassen ist [6].

---

[1] Verein Deutscher Ingenieure
[2] Verband der Elektrotechnik, Elektronik und Informationstechnik
[3] Deutsches Institut für Normung
[4] Internationale Organisation für Normung, *engl.* International Organization for Standardization
[5] Internationale Elektrotechnische Kommission, *engl.* International Electrotechnical Commission

2.2 Vereinheitlichung der Problemstellung in der Diagnose elektrochemischer Sensoren

In vielen Fällen der Diagnose elektrochemischer Sensorsysteme ist der Zugang zu realen Daten aus industriellen und großtechnischen Prozessen für Sensorhersteller und Forschungseinrichtungen problematisch. Die Symptomatik von Fehlern ist allerdings oftmals den Entwicklern und Betreibern der Sensorsysteme aus ihrer Erfahrung bekannt, sodass das Erfahrungswissen für die Entwicklung eines Diagnosesystems genutzt werden kann.

Die meisten in der Prozessindustrie eingesetzten Sensoren können nicht während ihrer gesamten Einsatzdauer im Prozess verbleiben. Sie müssen zu bestimmten Zeitpunkten aus dem Prozess entnommen werden. Nach der Entnahme erfolgt eine Kalibration, um die für die Messaufgabe wichtigen aktuellen Parameter des Sensors zu bestimmen. Die beschriebene Vorgehensweise ergibt sich aus der zeitlichen und altersbedingten Veränderlichkeit der Kalibrierparameter und dient der Aufrechterhaltung der Qualität des Messergebnisses. Während des Einsatzes im Prozess steht üblicherweise eine stark begrenzte Rechen- und Speicherleistung durch den Messumformer zur Verfügung. Der Messumformer dient der Energieversorgung des Sensors und zur Erfassung und Anzeige des Messwerts.

Zur Archivierung der Kalibrierparameter und anderer sensorbezogener Größen steht im Kalibrierlabor üblicherweise ein leistungsfähiger PC zur Verfügung. Der Rechner kann auch dafür verwendet werden, den nächsten Kalibrierzeitpunkt zu bestimmen oder die verbleibende Lebensdauer eines Sensors zu berechnen.

Zu Beginn der Analyse einer Problemstellung in der Diagnose von elektrochemischen Sensorsystemen sollten die folgenden Fragen beantwortet werden. Da von nahezu allen Typen elektrochemischer Sensoren sowohl Prozess- als auch Kalibrierdaten gemessen bzw. aufgezeichnet werden, lassen sich die folgenden Fragen auf alle elektrochemischen Sensoren verallgemeinern.

- Welche Alterungseffekte können während der Anwendung eines Sensorsystems beobachtet werden?

- Welche Alterungseffekte lassen sich während der Kalibrierungen beobachten?

- Von welchen Parametern hängen Alterungseffekte – sowohl während des Einsatzes als auch während der Kalibrierungen – ab?

- Welche Parameter haben einen Einfluss auf die Beurteilung des Zustands des Sensorsystems?

- Welche Parameter können vor oder während des Einsatzes und welche können während Kalibrierungen erfasst werden?

Die Beantwortung der Fragen kann dabei helfen, ein Diagnosesystem zu erstellen. Im konkreten Fall von pH-Glaselektroden, den bislang wichtigsten Sensoren in der Prozessmesstechnik [113], können die formulierten Fragen aus Expertenwissen wie folgt konkret beantwortet werden [48]:

1. Während des Einsatzes von pH-Glaselektroden kann eine Abnahme der dynamischen Eigenschaften und eine Zunahme des Rauschniveaus des Sensorsignals beobachtet werden.

2. Während durchgeführter Kalibrierungen ist im allgemeinen Fall eine Abnahme des Kalibrierparameters Nullpunkt festzustellen. Der Kalibrierparameter Steigung weist dagegen keine systematische Varianz auf.

3. Die Alterungseffekte, die sich beobachten lassen, hängen wesentlich von dem chemischen bzw. verfahrenstechnischen Prozess ab, dem die Sensoren ausgesetzt sind. Hiervon sind nicht nur Alterungseffekte betroffen, die während des Einsatzes im Prozess zu beobachten sind, sondern auch Alterungseffekte, die während der Kalibrierungen deutlich werden.

4. Der Zustand gewöhnlicher pH-Glaselektroden, die nur Prozessparameter messen, kann anhand ihrer Kalibrierparameter beurteilt werden. Die Kalibrierparameter geben einen Anhaltspunkt, wie weit der Prozess des Erreichens eines chemischen Gleichgewichts innerhalb des Sensorsystems fortgeschritten ist. Die genannten Effekte

resultieren aus dem Messprinzip und können nicht verhindert werden. Lediglich eine Verlangsamung der Alterungseffekte ist möglich.

5. Während des Einsatzes im Prozess lassen sich bei gewöhnlichen pH-Glaselektroden die Prozessparameter pH-Wert und Temperatur messen. Während einer Kalibrierung werden die Kalibrierparameter Nullpunkt und Steigung berechnet und stehen somit zur Verfügung.

2.3 Neues Konzept

Das Diagnosesystem ist ein technisches System, das die Beurteilung von Wartungsbedarf und Zustand des untergeordneten Systems vornehmen soll. Im speziellen Fall handelt es sich bei dem System um eine Glaselektrode, die zur pH-Messung eingesetzt wird.

Das neuartige Diagnosesystem ist wesentlich durch seine Eigenschaft charakterisiert, sich an die Umgebungsbedingungen anzupassen und auf veränderliche Bedingungen zu reagieren. Das Diagnosesystem hat dabei die Funktion, den Betreiber der Elektroden bei der Entscheidung zu unterstützen, wann eine Kalibrierung durchzuführen oder das Sensorsystem auszutauschen ist.

Die Struktur des Diagnosesystems ist in Abb. 2.1 dargestellt und berücksichtigt den Ansatz zur Vereinheitlichung der Problemstellung in der Diagnose elektrochemischer Sensoren aus Abschnitt 2.2. Danach gliedert sich das Diagnosesystem in die folgenden Teilschritte:

1. Identifikation des Prozesses,

2. Schätzen des Kalibrierintervalls,

3. Schätzen der Lebensdauer und

4. Schätzen des Zustands.

Zur Diagnose werden die N_p Prozessparameter

$$\mathbf{z}_p[k_{\mathrm{Proc}}] = \begin{pmatrix} z_{p,1}[k_{\mathrm{Proc}}] \\ \vdots \\ z_{p,N_p}[k_{\mathrm{Proc}}] \end{pmatrix}, \tag{2.1}$$

die der Sensor während seines Betriebs zu den Zeitpunkten k_{Proc} misst, herangezogen. Im Fall einer üblichen pH-Glaselektroden werden die Prozessparameter pH-Wert ($z_{p,1}$) und Temperatur ($z_{p,2}$) gemessen. Weiter werden die N_c Kalibrierparameter

$$\mathbf{z}_c[k_{\mathrm{Diag}}] = \begin{pmatrix} z_{c,1}[k_{\mathrm{Diag}}] \\ \vdots \\ z_{c,N_c}[k_{\mathrm{Diag}}] \end{pmatrix}, \tag{2.2}$$

die während der Kalibrierung zu den Zeitpunkten k_{Diag} erfasst werden, verwendet. Während der Kalibrierung einer pH-Glaselektrode werden in der Regel die Kalibrierparameter Nullpunkt ($z_{c,1}$) und Steigung ($z_{c,2}$) bestimmt.

Aus den gemessenen Prozessparametern $\mathbf{z}_p[k_{\mathrm{Proc}}]$ wird im ersten Schritt der Prozess durch eine Zuordnung zu bekannten Prozessklassen geschätzt. Aus dieser Information, der Prozessklasse p, wird anschließend im zweiten Schritt eine Abschätzung des notwendigen Kalibrier- bzw. Diagnoseintervalls T_{Diag} durchgeführt. Im dritten Schritt wird mit Hilfe der Kalibrierparameter eine Abschätzung der Lebensdauer der pH-Glaselektrode vorgenommen.

Der vierte Teilschritt, die Schätzung des Zustands, erfolgt ebenfalls während der Kalibrierung mit den Parametern $\mathbf{z}_c[k_{\mathrm{Diag}}]$. Aus den Kalibrierparametern $\mathbf{z}_c[k_{\mathrm{Diag}}]$ und der Information über die Prozessklasse p wird eine Schätzung des aktuellen Zustands durchgeführt. Aus der Schätzung des Zustands werden N_d Diagnoseparameter

$$\mathbf{z}_d[k_{\mathrm{Diag}}] = \begin{pmatrix} z_{d,1}[k_{\mathrm{Diag}}] \\ \vdots \\ z_{d,N_d}[k_{\mathrm{Diag}}] \end{pmatrix}, \tag{2.3}$$

erzeugt, welche als Informationen in $\mathbf{z}_d[k_{\mathrm{Diag}}]$ dem Benutzer zur Verfügung stehen. Weiter werden die Größen $\mathbf{z}_d[k_{\mathrm{Diag}}]$ zurückgeführt und in Schritt 2, der nach der jeder Kalibrierung erneut beginnt, zur Schätzung

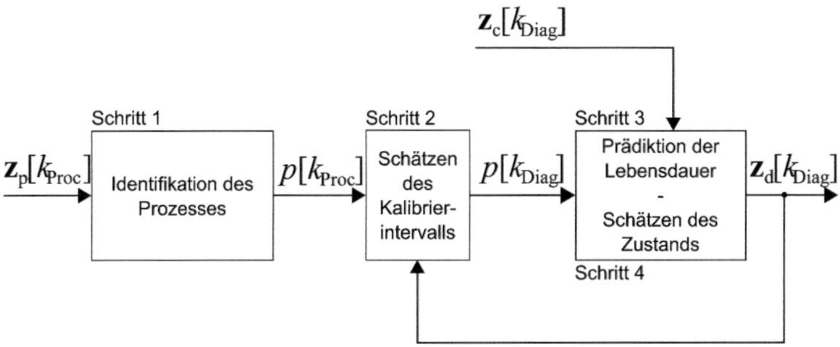

Abbildung 2.1: Struktur des neuartigen Diagnosesystems

des Kalibrierintervalls bis zum nächsten Kalibrierzeitpunkt $k_{\mathrm{Diag}} + 1$ verwendet.

Während des gesamten Betriebs des Sensors bleiben die Abtastpunkte k_{Proc} äquidistant, sodass der Prozess zu den äquidistanten Zeitpunkten $t_{\mathrm{Proc}} = k_{\mathrm{Proc}} \cdot T_{\mathrm{Proc}}$ mit der Abtastzeit T_{Proc} abgetastet wird. Die Abtastpunkte der Kalibrierung k_{Diag} hingegen sind nicht äquidistant, da sich die Abtastzeit T_{Diag} nach jeder Kalibrierung ändern kann. Diese Änderung ist vom aktuell ermittelten Zustand des Sensors abhängig. Damit ergeben sich für die Kalibrierung bzw. für die Diagnose zu den Abtastzeitpunkten k_{Diag} die Abtastzeiten

$$t_{\mathrm{Diag}}\left[k_{\mathrm{Diag}}\right] = \sum_{k=1}^{k_{\mathrm{Diag}}} T_{\mathrm{Diag}}[k]. \tag{2.4}$$

Im Folgenden werden die Teilschritte des neuartigen Verfahrens zur Diagnose von pH-Glaselektroden kurz erläutert. Eine detailliertere Beschreibung folgt in Abschnitt 2.5 und 2.6.

2.3.1 Identifikation chemischer und verfahrenstechnischer Prozesse

In diesem Abschnitt werden die Grundzüge eines neuartigen Konzepts zur Identifikation chemischer und verfahrenstechnischer Prozesse vorgestellt. Das Verfahren soll im Zusammenspiel mit den anderen in Abschnitt 2.3 genannten Schritten zur Diagnose von pH-Glaselektroden eingesetzt werden. Es ist in der Lage, aus den während des Einsatzes des Sensors im Prozess gemessenen Prozessparametern auf die Qualität eines chemischen Prozesses zu schließen. Die Information über den Prozess, in dem sich ein Sensor befindet, ist notwendig, um daraus für den Prozess typische Kalibrierintervalle ableiten zu können. Ebenfalls wird die Prozessart benötigt, um während der Kalibrierungen den Sensorzustand beurteilen zu können.

Die Kalibrierparameter der Sensoren können sich auf die Messung der Prozessparameter auswirken. Somit verfälschen fehlerbehaftete Kalibrierparameter die Messung der Prozessparameter systematisch und wirken wie andere mögliche Fehlerquellen (s. Abschnitt 1.2.1). Damit ist eine differenzierte Bestimmung des Fehlerorts nicht möglich. Aus dem genannten Grund können übliche Verfahren, die in der Lage sind, fehlerbehaftete Messwerte bzw. Prozessparameter zu identifizieren [47, 97], hier nicht zum Einsatz kommen. Deswegen wurde ein anderes Vorgehen gewählt, das die Symptome und deren Entwicklung berücksichtigt.

In der Regel werden in chemischen und verfahrenstechnischen Prozessen während des gesamten Prozessablaufs verschiedene Prozessteilschritte durchlaufen. Die Teilschritte werden in bestimmter Reihenfolge durchlaufen, wobei sich ein Prozess durch die Reihenfolge bzw. Abfolge bestimmter Teilschritte charakterisieren lässt.

Deswegen muss im Rahmen einer Datenvorverarbeitung der gesamte Prozessraum geeignet unterteilt werden, um die beschriebenen einzelnen Prozessschritte voneinander unterscheidbar machen zu können. Der Prozessraum wird von den verfügbaren Prozessvariablen aufgespannt und ist N_p-dimensional. Im Prozessraum müssen Strukturen gefunden werden. Die Strukturen werden im Folgenden auch Klassen genannt. Dabei ist die Einteilung der Strukturen bzw. Klassen nicht bekannt.

Nach Abschluss der Datenvorverarbeitung müssen die Prozessdaten, die von der pH-Glaselektrode gemessen werden, den Klassen zugeordnet werden. Dadurch ergibt sich eine Abfolge von Klassen, die für einen Prozess charakteristisch ist. Die Abfolge von Klassen muss ausgewertet werden. Das Ergebnis der Auswertung ist eine Zuordnung zu dem bekannten Prozess, der nach bestimmten Kriterien dem vorliegenden Prozess am ähnlichsten ist. Die Zuordnung zu einem Prozess wird dem nächsten Schritt zum Schätzen des Kalibrierintervalls übergeben.

2.3.2 Schätzen des Kalibrierintervalls elektrochemischer Sensoren

Die Bestimmung von für einen Prozess typische Basiskalibrierintervalle muss vor dem Einsatz des Sensors im Prozess erfolgen. Hierfür ist die Nutzung von Erfahrungswissen nötig. Das Erfahrungswissen muss eine Zuordnung von einem Prozess zu einem typischen geeigneten Basiskalibrierintervall umfassen. Dabei stellt das Basiskalibrierintervall ein für den erkannten Prozess typisches mittleres Kalibrierintervall dar. Somit kann davon ausgegangen werden, dass der Prozess selbst auf die Genauigkeit des Messwerts des Sensors bis zum Ablauf des Intervalls eine absehbare Auswirkung hat. Die erforderliche Genauigkeit des Messwerts ist dabei auch prozessabhängig. Wird für sensitive Prozesse, wie Produktionsprozesse in der Chemie-, Pharma- oder Lebensmittelindustrie, eine hohe Genauigkeit des Messwerts gefordert, ist beispielsweise für eine einfache Störungsüberwachung industriellen Abwassers eine wesentlich geringere Genauigkeit erforderlich. Zur Beeinflussung der Länge der bestimmten Basiskalibrierintervalle müssen Größen bekannt sein, die sich aus dem alterungsbedingten Zustand der pH-Glaselektrode ergeben. Die Größen werden während der Kalibrierungen ermittelt; eine kurze Beschreibung der Erfassung der genannten Größen erfolgt in den Abschnitten 2.3.3 und 2.3.4. Die Größen werden verwendet, um die Basiskalibrierintervalle anhand des Zustands der pH-Glaselektroden zu beeinflussen. Zur Beeinflussung der Kalibrierintervalle müssen geeignete Methoden verwendet werden, die es möglich machen, Anwenderwissen zu integrieren.

2.3.3 Prädiktion der Lebensdauer elektrochemischer Sensoren

Ziel des Verfahrens zur Bestimmung der Lebensdauer ist es, dem Benutzer einen möglichst zuverlässigen Wert für den Ausfallzeitpunkt eines Sensors zu geben. Hierfür werden die Kalibrierparameter verwendet, da ihr Verlauf charakteristische Eigenschaften zeigt. Ein weiteres Ziel ist es, Diagnoseinformationen zu generieren, die sich nicht direkt aus der Kalibrierung ergeben. Die Diagnoseinformationen werden als Diagnoseparameter zurückgeführt und beeinflussen in Schritt 2 die Länge der Kalibrierintervalle. Verschiedene Methoden werden untereinander verglichen, um die für die Aufgabe geeignetste Methode zu bestimmen.

2.3.4 Schätzen des alterungsbedingten Zustands elektrochemischer Sensoren

Zum Schätzen des alterungsbedingten Zustands werden ebenfalls, wie in Abb. 2.1 dargestellt, die Kalibrierparameter bzw. daraus abgeleitete Größen verwendet. Die hierfür grundlegende Überlegung ist, dass sich der Fortschritt des Einstellens des chemischen Gleichgewichts über den Kalibrierparameter Nullpunkt äußert. Der Einfluss von Fehlern anderen Ursprungs kommt im Wesentlichen durch die Variation des Kalibrierparameters Steigung zum Ausdruck. Es wird angenommen, dass sich die Größen direkt und hieraus abgeleitete Größen eignen, um den Zustand der pH-Glaselektrode zu beschreiben. Zur Beurteilung der kontrollierten Alterung von pH-Glaselektroden wird somit die Abweichung des Kalibrierparameters Nullpunkt von einem idealen Verlauf verwendet werden.

2.4 Entwurf eines Benchmarkdatensatzes

Um die Funktionsfähigkeit des in Abschnitt 2.3 vorgestellten Konzepts demonstrieren zu können, wird ein Benchmarkdatensatz entworfen. Gründe für den Entwurf eines solchen Benchmarkdatensatzes sind darin zu sehen, dass

- fehlende detaillierte Prozessdaten aus verschiedenen realen Prozessen erzeugt werden können,

- beliebig viele Datentupel und Zeitreihen angelegt und

- definierte Alterungseffekte, wie sie auch an Sensoren in realen Prozessen beobachtet werden können, integriert werden können.

Der entworfene Benchmarkdatensatz wird dazu verwendet, um

- die Funktionsfähigkeit des entwickelten Konzepts zu demonstrieren und

- eine Grundlage für die Bewertung des entwickelten Konzepts zu schaffen.

Ein Benchmarkdatensatz muss zur Anwendung des Konzepts aus Abschnitt 2.3 aus zwei Teilen bestehen. Dabei müssen die betrieblichen Prozesse beim Einsatz von pH-Glaselektroden berücksichtigt werden. Daraus folgt, dass der Benchmarkdatensatz sowohl Prozess- als auch Kalibrierdaten beinhalten muss. Der Aufbau des Benchmarkdatensatzes ist in Abb. 2.2 illustriert. Teil 1 umfasst Prozessdaten $z_p[k_{Proc}]$, d.h. Daten der Prozessparameter pH-Wert und Temperatur, die während eines Prozesses gemessen werden, vgl. dazu auch Schritt 1 des neuartigen Diagnoseverfahrens. In Schritt 1 wird aus den Prozessdaten die Prozessklasse p bestimmt. Teil 2 enthält Kalibrierdaten $z_c[k_{Diag}]$, d.h. Daten, die während der Kalibrierungen ermittelt werden und die für die Messaufgabe relevanten Kenngrößen einer pH-Glaselektrode repräsentieren. Somit korrespondiert jede der zehn Zeitreihen aus Teil 1 des Benchmarkdatensatzes mit k_{Diag} bzw. einem Kalibrierzeitpunkt in Teil 2 des Benchmarkdatensatzes. Diese Daten werden in Schritt 3 und 4 dazu verwendet, den Zustand der pH-Glaselektrode zu bestimmen und die Lebensdauer abzuschätzen. Für die Erstellung von Teil 1 des künstlichen Benchmarkdatensatzes werden die Verläufe der Prozessparameter von Messstellen, die wesentliche Einsatzgebiete von pH-Glaselektroden abdecken, verwendet. Neben der Qualitäts- und Prozessüberwachung in der chemischen und pharmazeutischen Industrie werden pH-Glaselektroden hauptsächlich in der Überwachung der Produktqualität in der Lebensmittel- und Getränkeherstellung, sowie in der Überwachung von Anlagen auf Störung, beispielsweise durch die Überwachung ihrer Abwässer, eingesetzt. Aus den genannten Gründen wurden folgende für den Einsatz von pH-Glaselektroden typische Beispiele zur Erstellung des Datensatzes herangezogen:

1. Qualitätsüberwachung bei der Herstellung von Bier: Maischen,

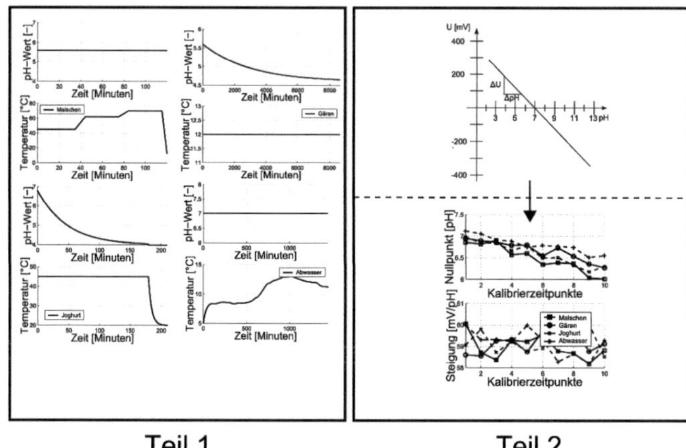

Teil 1   **Teil 2**

Abbildung 2.2: Aufbau eines Benchmarkdatensatzes. Der Benchmarkdatensatz besteht aus zwei Teilen. Teil 1 umfasst Prozessdaten, d.h. Daten der Prozessparameter pH-Wert und Temperatur, die während eines Prozesses gemessen werden. Teil 2 enthält Kalibrierdaten, d.h. Daten, die während Kalibrierungen ermittelt werden und die für die Messaufgabe relevanten Kenngrößen einer pH-Glaselektrode (Nullpunkt und Steigung) repräsentieren.

2. Qualitätsüberwachung bei der Herstellung von Bier: Gären,

3. Qualitätsüberwachung bei der Herstellung von Joghurt: Fermentation sowie

4. Qualitätsüberwachung von Abwasser.

Zusätzlich zum eigentlichen Prozess wird bei den Verläufen der Prozessparameter bei der Herstellung von Bier [24, 41] (Maischen und Gären) sowie bei der Herstellung von Joghurt (Fermentation) ein Reinigungszyklus (CIP[6]) eingeführt, der sowohl Messstelle als auch Prozessbehälter nach

---

6   Cleaning in Place, Reinigung vor Ort

Beendigung eines Prozesszyklus vom anhaftenden Medium und möglichen Keimen befreit. Der genannte Schritt ist aus hygienischen Gründen üblich.

Da pH-Glaselektroden die größte Gruppe bei allen eingesetzten Prozesssensoren darstellen, werden für die Erstellung des Benchmarkdatensatzes die Prozessparameter pH-Wert (pH) und Temperatur (T) verwendet. Die beiden Prozessparameter pH-Wert und Temperatur werden von fast allen Glaselektroden während ihres Einsatzes zur Verfügung gestellt. Die idealen Verläufe der Prozessparameter pH und Temperatur innerhalb Teil 1 des Benchmarkdatensatzes sind für die Prozesse Maischen und Gären in Abb. 2.3 veranschaulicht.

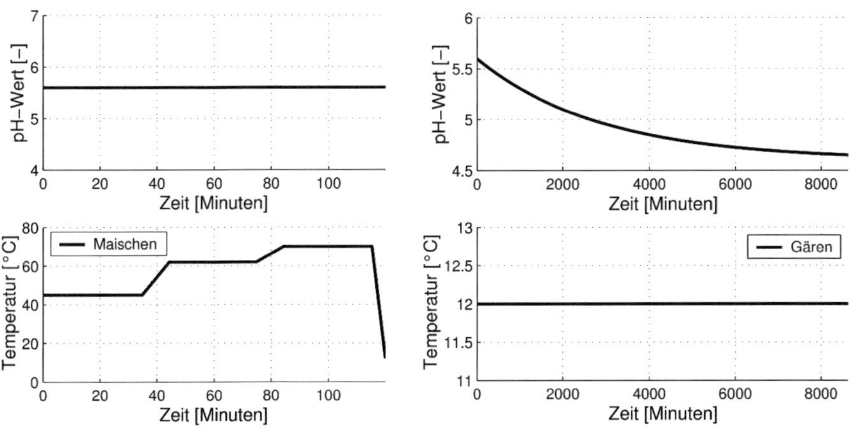

(a) Verläufe der Prozessparameter pH-Wert (oben) und Temperatur (unten) für den Prozess Maischen

(b) Verläufe der Prozessparameter pH-Wert (oben) und Temperatur (unten) für den Prozess Gären

Abbildung 2.3: Prinzipielle Verläufe der Prozessparameter pH-Wert und Temperatur im Benchmarkdatensatz für die Prozesse Maischen (links) und Gären (rechts). Der Prozess Maischen ist durch einen konstant bleibenden pH-Wert und einen gestuften Temperaturverlauf gekennzeichnet. Der Prozess Gären zeichnet sich durch einen abfallenden pH-Wert bei konstanter Temperatur aus.

Für den Verlauf der Parameter beim Maischen wurde das etablierte Eyben-Verfahren [38] herangezogen. Das Eyben-Verfahren zeichnet sich durch einen während des Prozesses konstanten pH-Werts bei einem gestuften Temperaturverlauf aus. Die Stufen bei 45°C, 62°C und 70°C werden auch als *Rasten*[7] bezeichnet. für das Gären wurde angenommen, dass es sich bei dem vorliegenden Medium um ein helles Vollbier handelt. Der Verlauf des pH-Werts und der Temperatur eines typischen Gärprozesses wurde aus [78] entnommen. Der Prozess Gären zeichnet sich durch einen abfallenden pH-Wert (von 5,6 auf 4,6) bei konstanter Temperatur (T=12°C) aus. Während des Gärens wird im Medium, der sog. *Würze*, enthaltener Zucker teilweise durch Mikroorganismen in Alkohol umgewandelt.

Die idealen Verläufe der Prozesse Joghurt und Abwasser in Teil 1 eines Benchmarkdatensatzes sind in Abb. 2.4 illustriert. Die Parameterverläufe im Falle von Joghurt ergeben sich aus der Fermentation eines üblichen mitteleuropäischen Joghurts [127].

Zur Herstellung von Joghurt wird Milch unter der Zugabe von Bakterienkulturen verwendet. Dabei erfährt die Milch neben der Änderung der durch pH-Glaselektroden messbaren Prozessparameter auch eine Änderung der Konsistenz. Während der Fermentation sinkt der pH-Wert von 6,8 bei konstanter Temperatur von 45°C bis auf einen pH-Wert von 4 ab. Nach dem Erreichen des pH-Werts wird der Joghurt innerhalb kurzer Zeit auf 20°C abgekühlt, um die Aktivität der zugesetzten Mikroorganismen deutlich zu verlangsamen und somit ein weiteres Fortschreiten des Fermentationsprozesses zu vermeiden. Für die Erstellung der Verläufe der Prozessparameter des Abwassers wurde ein idealer konstanter und damit störungsfreier Betrieb angenommen. Hierbei ist ein neutraler pH-Wert (pH=7) anzunehmen. Weiter wurden die aufgezeichneten Wetterdaten der Wetterstation der Universität Paderborn [7] für die Modellierung des Temperaturverlaufs herangezogen. Hier wurde für die Modellierung der Abwassertemperatur eine oberflächennahe Messstelle zu Grunde gelegt. Die getroffene Annahme über die gemessene Temperatur ist realistisch, da die Glaselektrode nur mit ihrem Glasschaft in das Messmedium

---

[7] Durch das Halten der Rasten bzw. Temperaturstufen Eiweißrast, Maltoserast und Verzuckerungsrast können in den jeweiligen Temperaturbereichen bestimmte Enzyme ihre Wirkung entfalten. Das Wirken der Enzyme bestimmt wesentlich die Zusammensetzung der Würze, die im weiteren Verlauf des Brauens zur Vergärung gebracht wird.

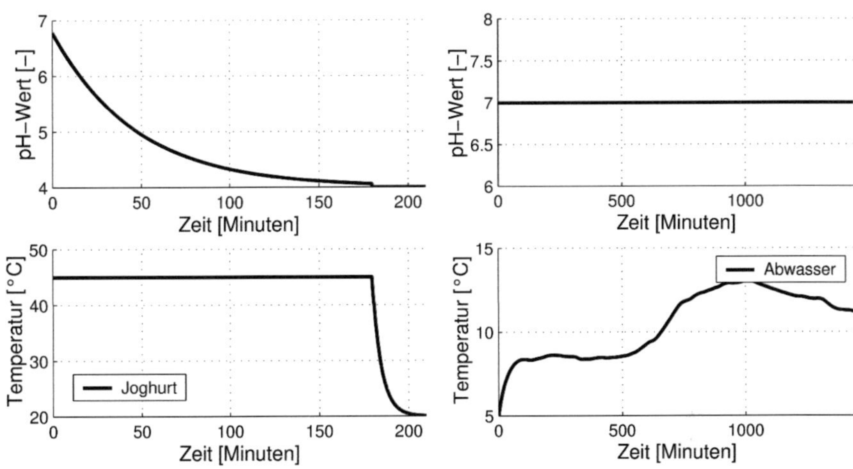

(a) Verläufe der Prozessparameter pH-Wert (oben) und Temperatur (unten) für die Fermentation des Joghurts

(b) Verläufe der Prozessparameter pH-Wert (oben) und Temperatur (unten) für den Prozess Abwasser

Abbildung 2.4: Prinzipielle Verläufe der Prozessparameter pH-Wert und Temperatur im Benchmarkdatensatz für die Prozesse Joghurt (links) und Abwasser (rechts). Der Prozess der Fermentation eines Joghurts ist durch einen abfallenden pH-Wert bei konstanter Temperatur und anschließender Abkühlung gekennzeichnet. Der Prozess Abwasser zeichnet sich durch einen konstanten pH-Wert bei einer von der Umgebungstemperatur abhängigen Temperatur des Mediums Abwasser aus. Diese Annahmen gelten für den Ideal- bzw. Regelfall eines störungsfreien Betriebs der Messstelle.

eintauchen darf und die Temperatur oberflächennaher Wasserschichten von der Umgebungstemperatur direkt beeinflusst wird.

Die in Abb. 2.5 dargestellten CIP-Verläufe der Prozessparameter pH-Wert und Temperatur wurden [127] entnommen. Ein CIP-Zyklus besteht aus der Abfolge des Spülens mit Wasser (pH=7, T=20°C), mit Natronlauge

(NaOH, pH=10, T=65°C), Wasser (pH=7, T=65°C), Phosphorsäure (pH=4, T=65°C) und einem abschließenden Spülen mit Wasser (pH=7, T=95°C).

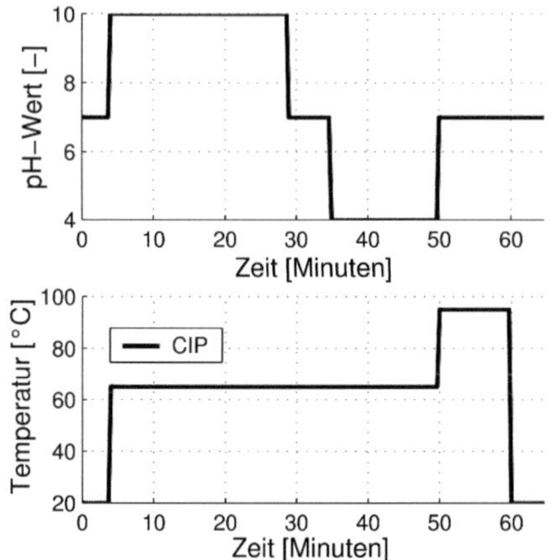

Abbildung 2.5: Verlauf der Prozessparameter pH und Temperatur in einem CIP-Zyklus. Ein CIP-Zyklus besteht aus der Abfolge des Spülens mit Wasser (pH=7), mit Natronlauge (NaOH, pH=10) und mit Phosphorsäure (pH=4) bei einer Temperatur von 20, 65 bzw. 95°C.

Nach dem Aufstellen der prinzipiellen Verläufe der Prozessparameter werden aus den Verläufen Zeitreihen erzeugt, die verschiedene Alterungsstufen während der Lebensdauer des Sensors repräsentieren. Die Zeitreihen geben das Sensorverhalten bzw. die Alterungs- und Verschleißerscheinungen, wie in Abschnitt 1.2.1 beschrieben, wieder.
Nicht alle Kenngrößen, durch die sich Alterungseffekte quantisieren lassen [64], können messtechnisch auch erfasst werden. Deshalb werden für die Erstellung des künstlichen Benchmarkdatensatzes nur die zwei wesentlichen und erfassbaren Größen

- Abnahme der dynamischen Eigenschaften (Zunahme der Einstellzeit[8]) und

---

[8] Der in der Entwicklung von pH-Glaselektroden verwendete Begriff *Einstellzeit* ist synonym mit dem systemtheoretischen Begriff *Zeitkonstante*.

- Zunahme des Rauschniveaus

verwendet.

Für den Datensatz wurden zuerst Zeitreihen erstellt, die die prinzipiellen Verläufe der Prozessparameter der jeweiligen Prozesse repräsentieren. Die Verläufe der Prozessparameter sind aus den Abbildungen 2.3 und 2.4 bzw. 2.5 ersichtlich.

Beide erstellten Benchmarkdatensätze bestehen aus jeweils zwei Teilen. Der erste Teil ist aus vier Prozessen zu je zehn Zeitreihen, die gemessene Prozessparameter repräsentieren, aufgebaut. Jede der Zeitreihen aus Teil 1 repräsentiert einen vollständigen Ablauf eines Prozesses. Es wird angenommen, dass die verwendeten Glaselektroden nach jeweils einem vollständigen Prozessablauf kalibriert werden müssen, um die Messgenauigkeit aufrecht zu erhalten.

Der zweite Teil umfasst je eine Zeitreihe mit Kalibrierdaten, die zu fiktiven Kalibrierzeitpunkten jeweils am Ende einer Prozesszeitreihe aufgenommen wurden. Somit ergibt sich nach jedem Prozessablauf ein Satz Kalibrierparameter. Bei den Kalibrierparametern handelt es sich um Nullpunkt und Steigung der Kalibriergeraden der Glaselektroden (s. dazu auch Abschnitt 1.2.1).

Mit den entworfenen Benchmarkdatensätzen soll die Funktionsfähigkeit des in Abschnitt 2.3 vorgestellten neuen Konzepts nachgewiesen werden. Für das Training werden die ersten drei Zeitreihen der Prozessparameter verwendet, für die anschließende Evaluation die weiteren sieben Zeitreihen.

Details zu den entworfenen Benchmarkdatensätzen sind aus Tabelle 2.1 zu entnehmen.

Die nächsten Schritte bei der Erstellung des Benchmarkdatensatzes ergeben sich aus der Anwendung der Alterungsmerkmale auf die erzeugten Zeitreihen. Für Teil 1 des Datensatzes wurden für jeden der vier Prozesse die vektoriellen Zeitreihen

$$\mathbf{z}_p = \begin{pmatrix} z_{p,1} \\ z_{p,2} \end{pmatrix} \tag{2.5}$$

erstellt. $z_{p,1}$ bezeichnet die Zeitreihe der ersten Prozessvariablen, des pH-Werts, $z_{p,2}$ die Zeitreihe der zweiten Prozessvariablen, der Temperatur.

Prozess	Anzahl Zeitreihen	Anzahl Kalibrierzeitpunkte	Länge [Minuten]	Aufteilung Lern-/ Testdaten
Maischen	10	10	185	3/7
Gären	10	10	8705	3/7
Joghurt	10	10	275	3/7
Abwasser	10	10	1440	3/7

Tabelle 2.1: Eigenschaften des Benchmarkdatensatzes

Die Zeitreihe wird zu den äquidistanten Zeitpunkten k_{Proc} während des Prozesses zu den Zeiten $t_{\text{Proc}} = k_{\text{Proc}} \cdot T_{\text{Proc}}$ abgetastet. Als Abtastzeit wurde $T_{\text{Proc}} = 20$s gewählt. Die gewählte Abtastzeit entspricht der Abtastzeit bei der pH-Messung in realen chemischen Prozessen.

Die Abnahme der dynamischen Eigenschaften der pH-Messung wird durch eine Filterung der Zeitreihe der ersten Prozessvariablen $z_{p,1}$ mit Hilfe eines IIR-Filters[9]

$$z_{p,1}[k_{\text{Proc}}] = \zeta_{p,1} \cdot z_{p,1}[k_{\text{Proc}} - 1] + (1 - \zeta_{p,1}) \cdot z_{p,1}[k_{\text{Proc}}] + w_{p,1} \qquad (2.6)$$

mit dem Filterparameter $\zeta_{p,1}$ realisiert. Der IIR-Filter wird hier verwendet, um die Übergänge zwischen den Prozessschritten zu glätten. Die Zunahme des Rauschniveaus ist durch die Addition von normalverteilten Zufallszahlen $w_{p,1} \in [-w_{p,1,\text{max}}; w_{p,1,\text{max}}]$ gelöst. Die verwendeten Parameter sind in Tabelle 2.2 gegenübergestellt. Hier wurden die Parameter für $\zeta_{p,1}$ und $w_{p,1,\text{max}}$ für $k_{\text{Diag}} = 1$ für alle Prozesse als gleich angenommen, da es sich um neue pH-Glaselektroden handelt. Die Parameter $\zeta_{p,1}$ und $w_{p,1,\text{max}}$ werden für $k_{\text{Diag}} = 10$ für jeden Prozess willkürlich festgelegt, da das Wissen über die Alterungseffekte nicht ausreicht, die Werte quantifizieren zu können. Zwischenwerte für $k_{\text{Diag}} = 2$ bis $k_{\text{Diag}} = 9$ wurden aus den Werten von $k_{\text{Diag}} = 1$ bis $k_{\text{Diag}} = 10$ linear interpoliert.

Der Effekt der Alterung nach Gleichung (2.6) ist aus Gründen der Übersichtlichkeit nicht für alle, sondern nur für die Alterungsstufen 1, 5 und 10 (d.h. $k_{\text{Diag}} = 1$, $k_{\text{Diag}} = 5$ bzw. $k_{\text{Diag}} = 10$) des Prozesses Maischen in Abb. 2.6

---

[9] Unendliche Stoßantwort, engl. *Infinite Impulse Response*. Ein IIR-Filter ist ein zeitdiskretes lineares verschiebungsinvariantes System (LSI, linear shift invariant) [95]. Je nach Wahl der Filterparameter kann die Stoßantwort unendlich lange andauern.

dargestellt. Gut erkennbar sind für den Prozessparameter pH die beschriebenen Alterungseffekte. Zum einen werden die abnehmenden dynamischen Eigenschaften über die Alterungsstufen durch eine langsamere Anzeige des tatsächlichen pH-Werts durch den Messwert deutlich, zum anderen kann die Zunahme des Rauschniveaus durch einen insgesamt deutlich schwankenden Messwert in Abschnitten mit konstantem pH-Wert beobachtet werden. Alterungseffekte können hingegen am Prozessparameter Temperatur nicht beobachtet werden. Die dynamischen Eigenschaften des Temperatursensors bleiben über die Alterungsstufen hinweg konstant ($\zeta_{p,2}$=0,1). Das Rauschen ist ebenfalls konstant; es gilt über alle Alterungsstufen $w_{p,2} \in [-0{,}2;0{,}2]$. Dadurch überdecken sich die Zeitreihen aller drei visualisierten Alterungsstufen.

Da die Alterung des Temperatursensors im Vergleich zur Alterung des pH-sensitiven Glases vernachlässigbar ist, werden alle Temperaturzeitreihen $z_{p,2}$ analog zu Gleichung (2.6) nach

$$z_{p,2}[k_{\mathrm{Proc}}] = \zeta_{p,2} \cdot z_{p,2}[k_{\mathrm{Proc}} - 1] + (1 - \zeta_{p,2}) \cdot z_{p,2}[k_{\mathrm{Proc}}] + w_{p,2} \qquad (2.7)$$

mit den festen Parametern $\zeta_{p,2}$ =0,1 und $w_{p,2} \in[-0{,}2;0{,}2]$ gefiltert. Demnach bleibt die Einstellzeit des Temperatursensors bei allen Zeitreihen bzw. über alle Alterungsstufen hinweg konstant. Auch das Rauschen bleibt über das feste Intervall der Zufallszahl $w_{p,2}$ über alle Zeitreihen konstant.

Zur Verifikation späterer Ergebnisse wurde ein dem beschriebenen Verfahren analoger Benchmarkdatensatz BM_2 mit den gleichen Parametern erzeugt.

Da sich der Zustand eines elektrochemischen Sensors – abgesehen von offensichtlichen Fehlern und Störungen – nur im Zuge einer Kalibrierung bestimmen lässt, handelt es sich bei Teil 2 der beiden Benchmarkdatensätze BM_1 und BM_2 um Kalibrierdatensätze (Abb. 2.7(a) bzw. 2.7(b)). Die erzeugten Kalibrierdatensätze enthalten simulierte Kalibrierdaten, die das Alterungsverhalten über jeweils zehn Kalibrierzeitpunkte charakteristisch abbilden [13, 64].

Für die Erstellung der Kalibrierteile beider Benchmarkdatensätze wurden typische Verläufe der Kalibrierparameter, die Alterung induzieren, simuliert. Die Kalibrierdaten ergeben sich aus mit Zufallszahlen überla-

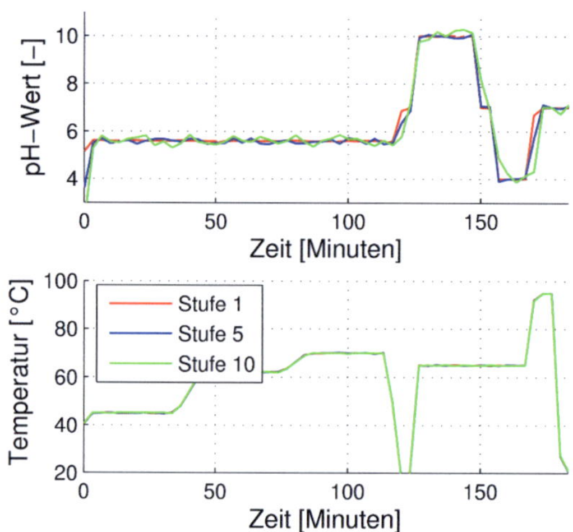

Abbildung 2.6: Effekte der Alterung nach Gl. (2.6). Oben ist der Verlauf des pH-Werts, unten der Verlauf der Temperatur illustriert. Gut erkennbar ist am Verlauf des pH-Werts das von Stufe 1 (rot) über Stufe 5 (blau) zu Stufe 10 (grün) zunehmende Rauschen, ebenso wie die Abnahme der dynamischen Eigenschaften bzw. die Zunahme der Einstellzeit über die dargestellten Alterungsstufen. Am Verlauf der Temperatur sind keine grundlegenden Alterungseffekte beobachtbar. Die dynamischen Eigenschaften des Temperatursensors bleiben über die Alterungsstufen hinweg konstant ($\xi_{p,2}$=0,1). Das Rauschen ist ebenfalls konstant; es gilt über alle Alterungsstufen $w_{p,2} \in [-0{,}2;0{,}2]$. Daher bleiben die Alterungsstufen 1 und 5 von Stufe 10 in der Darstellung weitestgehend verdeckt.

k_{Diag}	Maischen		Gären		Joghurt		Abwasser	
	$\zeta_{p,1}$	$w_{p,1,\mathrm{max}}$	$\zeta_{p,1}$	$w_{p,1,\mathrm{max}}$	$\zeta_{p,1}$	$w_{p,1,\mathrm{max}}$	$\zeta_{p,1}$	$w_{p,1,\mathrm{max}}$
1	0,1	0,01	0,1	0,01	0,1	0,01	0,1	0,01
2	0,1778	0,0422	0,1444	0,0422	0,1611	0,0367	0,1222	0,0311
3	0,2556	0,0744	0,1889	0,0744	0,2222	0,0633	0,1444	0,0522
4	0,3333	0,1067	0,2333	0,1067	0,2833	0,09	0,1667	0,0733
5	0,4111	0,1389	0,2778	0,1389	0,3444	0,1167	0,1889	0,0944
6	0,4889	0,1711	0,3222	0,1711	0,4056	0,1433	0,2111	0,1156
7	0,5667	0,2033	0,3667	0,2033	0,4667	0,17	0,2333	0,1367
8	0,6444	0,2356	0,4111	0,2356	0,5278	0,1967	0,2556	0,1578
9	0,7222	0,2678	0,4556	0,2678	0,5889	0,2233	0,2778	0,1789
10	0,8	0,3	0,5	0,3	0,65	0,25	0,3	0,2

Tabelle 2.2: Parameter bei der Erstellung des Benchmarkdatensatzes

gerten Geraden für Nullpunkt und Steigung, wobei die Ausgangsgerade des Nullpunkts eine negative Steigung besitzt. Die Gerade, die den Verlauf der Steigung der Kalibriergeraden einer pH-Glaselektrode repräsentiert, besitzt keine Steigung und nimmt über die gesamten Kalibrierzeitpunkte den Wert des NERNST-Potentials, des theoretischen Werts für die Steigung, an.

Die Kalibrierzeitreihe des ersten Kalibrierparameters $z_{c,1}$, des Nullpunkts, ergibt sich mit der Anzahl von Kalibrierzeitpunkten bzw. Abtastpunkten zu

$$z_{c,1}[k_{\mathrm{Diag}}] = \frac{z_{c,1,\mathrm{Ende}} - z_{c,1,\mathrm{Start}}}{k_{\mathrm{Diag,Ende}}} \cdot k_{\mathrm{Diag}} + z_{c,1,\mathrm{Start}} + w_{c,1} \qquad (2.8)$$

wobei $z_{c,1,\mathrm{Start}}$ den Startwert der Geraden bei $k_{\mathrm{Diag}}{=}1$ sowie $w_{c,1}$ die addierte Zufallszahl bezeichnet. $z_{c,1,\mathrm{Ende}}$ bezeichnet den Endwert der Geraden zum zehnten und letzten Kalibrierzeitpunkt ($k_{\mathrm{Diag}}{=}k_{\mathrm{Diag,Ende}}{=}10$). Die Kalibrierzeitreihe des zweiten Parameters $z_{c,2}$, der Steigung, ergibt sich durch die Addition von Zufallszahlen $w_{c,2} \in [-w_{c,2,\mathrm{max}}; w_{c,2,\mathrm{max}}]$ zum NERNST-Potential U_N nach

$$z_{c,2}[k_{\mathrm{Diag}}] = U_N + w_{c,2}. \qquad (2.9)$$

Prozess	$z_{c,1,\text{Start}}$	$z_{c,1,\text{Ende}}$	$w_{c,1,\text{max}}$	$w_{c,2,\text{max}}$
Maischen	7,0	6,0	0,15	1
Gären	7,0	6,2	0,15	1
Joghurt	7,0	6,4	0,15	1
Abwasser	7,0	6,6	0,15	1

Tabelle 2.3: Parameter bei der Erstellung von Teil 2 des Benchmarkdatensatzes

Die Parameter von Teil 2 des Benchmarkdatensatzes für die vier Prozesse sind in Tabelle 2.3 gegenübergestellt. Demnach beginnt der Verlauf des Kalibrierparameters Nullpunkt für alle Elektroden bei $z_{c,1,\text{Start}}=7$. Das Ende der Geraden des Nullpunkts $z_{c,1,\text{Ende}}$ wurde prozessspezifisch, aber willkürlich gewählt. Der Maximalwert des Rauschens für die Gerade des Nullpunkts ($w_{c,1,\text{max}}$) ist vom Prozess unabhängig. Für das Rauschen, mit dem das NERNST-Potential im Fall des Kalibrierparameters Steigung überlagert wird, wurde ebenfalls ein für alle Prozesse konstanter Wert von $w_{c,1,\text{max}}=0,15$ angenommen.

2.5 Identifikation

2.5.1 Datenvorverarbeitung

In der Regel werden in chemischen und verfahrenstechnischen Prozessen während des gesamten Prozessablaufs verschiedene Zustände bzw. Prozessteilschritte durchlaufen. Diese Teilschritte werden in bestimmter Reihenfolge durchlaufen, wobei sich ein Prozess durch die Reihenfolge bestimmter Teilschritte charakterisieren lässt.

Aus dem angeführten Grund muss der gesamte Prozessraum geeignet unterteilt werden, um die beschriebenen einzelnen Prozessschritte voneinander unterscheidbar machen zu können. Der Prozessraum wird von den verfügbaren Prozessvariablen z_p aufgespannt und ist N_p-dimensional. Im Prozessraum müssen Strukturen bzw. Klassen gefunden werden. Dabei ist die Einteilung der Klassen nicht bekannt. Zur Struktursuche mit einer unbekannten Klasseneinteilung innerhalb des Prozessraums wird eine Clus-

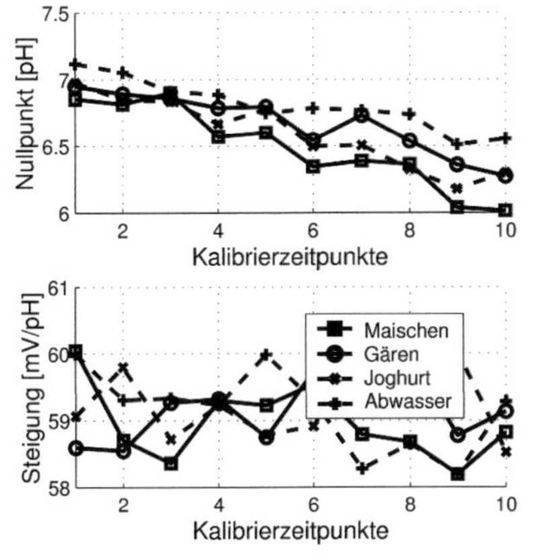

(a) Kalibrierdaten für Benchmarkdatensatz BM_1

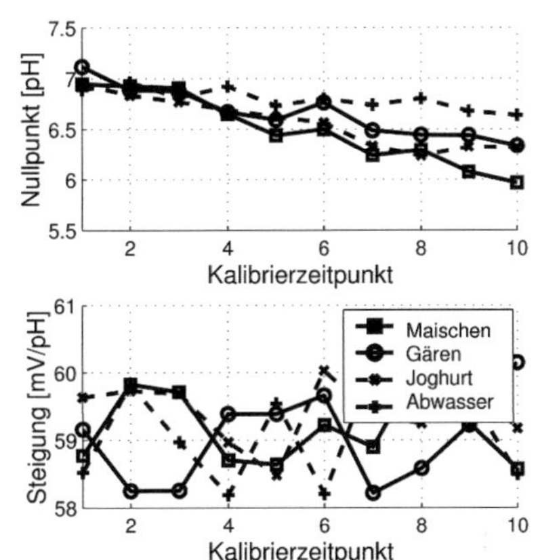

(b) Kalibrierdaten für Benchmarkdatensatz BM_2

Abbildung 2.7: Kalibrierdaten für die Benchmarkdatensätze BM_1 und BM_2. Jeweils oben ist der Verlauf des Kalibrierparameters Nullpunkt $z_{c,1}$ gemäß Gl. (2.8), unten der Verlauf des Kalibrierparameters Steigung $z_{c,2}$ nach Gl. (2.9) dargestellt. Die verwendeten Parameter sind aus Tabelle 2.2 ersichtlich.

teranalyse eingesetzt. Die verwendeten Clusterverfahren stellen innerhalb des Prozessraums die geforderten Zusammenhänge durch das Auffinden von Clusterzentren $\overline{\mathbf{X}}_{s \times m_y} = (\bar{\mathbf{x}}_1 \dots \bar{\mathbf{x}}_{m_y})$ mit der Anzahl der Merkmale s und der Clusteranzahl m_y her.

Der Fuzzy-C-Means-Algorithmus ist der bekannteste Fuzzy-Cluster-Algorithmus [22, 63]. Der Algorithmus versucht, einen Datensatz in m_y Cluster einzuteilen, die durch ihren Mittelwert charakterisiert werden. Die Besonderheit des Fuzzy-C-Means-Algorithmus besteht in der Verwendung von Zugehörigkeitsgraden zwischen 0 und 1. Damit können die Übergänge zwischen den verschiedenen Clustern geeignet modelliert werden.

Erreicht wird das Ziel, Clusterzentren zu finden, durch Lösen des Optimierungsproblems [22, 63]

$$Q_{Fuzzy-Cluster}(\boldsymbol{\mu_y}, \overline{\mathbf{X}}) = \sum_{n=1}^{N} \sum_{c=1}^{m_y} (\mu_{B_c}[n])^q \cdot d_c^2(\mathbf{x}[n], \overline{\mathbf{x}}_c) \rightarrow \min_{\boldsymbol{\mu_y}, \overline{\mathbf{X}}}, \quad (2.10)$$

$$\sum_{c=1}^{m_y} \mu_{B_c}[n] = 1, \forall\, n = 1 \ldots N, \mu_{B_c}[n] \geq 0, \quad (2.11)$$

$$\sum_{n=1}^{N} \mu_{B_c}[n] > 0, \forall\, c = 1 \ldots m_y. \quad (2.12)$$

Hier bezeichnet $\mu_{B_c}[n]$ die Clusterzugehörigkeit und $\mathbf{x}[n]$ die ausgewählten Merkmale. Der Vektor der fuzzifizierten Prozessvariablen ist mit $\boldsymbol{\mu_y}$ bezeichnet und enthält die Zugehörigkeitswerte $\mu_{B_c}(\mathbf{x}[n])$ der Merkmale $\mathbf{x}[n]$:

$$\boldsymbol{\mu_y} = \left(\boldsymbol{\mu}_{B_1}(\mathbf{x}[n]) \ldots \boldsymbol{\mu}_{B_{m_y}}(\mathbf{x}[n]) \right). \quad (2.13)$$

Die Anzahl der Datentupel ist mit N bezeichnet. Die Anzahl der Datentupel ergibt sich aus der Summe der Längen aller einbezogenen Zeitreihen. B_c bezeichnet den c-ten linguistischen Term der fuzzifizierten skalaren Ausgangsgröße y.

Die in Gleichung (2.11) formulierte Nebenbedingung erzeugt eine probabilistische Clustereinteilung: die Summe aller Zugehörigkeiten für einen festen Datensatz n ist Eins. Danach werden alle Datensätze gleich gewichtet. Weiter wird in Gleichung (2.12) gefordert, dass kein Cluster leer sein darf bzw. jedem Cluster Daten zugeordnet werden müssen. Die Triviallösung mit $\mu_{B_c}[n] \rightarrow 0$ wird damit vermieden. Die Minimierung der Gleichung (2.10) wird für eine große Zugehörigkeit eines Datensatzes zu einem Clusterzentrum mittels einer kleinen quadratischen Distanz erreicht. Analog dazu ergibt sich eine kleine Zugehörigkeit eines Datensatzes zu einem Clusterzentrum mittels einer großen quadratischen Distanz.

Mit Hilfe des Fuzzifizierungsgrades q ist es möglich, sowohl scharfe ($q = 1$) als auch weiche ($q \rightarrow \infty$) Zugehörigkeiten einzustellen [85]. Je größer q gewählt wird, umso eher wird eine optimale Klassifikation zu Zugehörigkeiten von $\frac{1}{m_y}$ führen [130].

Sowohl die Zugehörigkeit zu einem Clusterzentrum $\mu_{B_c}[n]$ als auch die Lage der Clusterzentren $\overline{\mathbf{x}}_c$ kann durch die Nebenbedingung (2.11) und das Nullsetzen von Gl. (2.10) für $q > 1$ und anschließendes Auflösen nach $\boldsymbol{\mu}_y$ bzw. $\overline{\mathbf{X}}$ bestimmt werden. Die Zugehörigkeit zu einem Clusterzentrum ergibt sich nach der Minimierung der Optimierungsfunktion $Q_{Fuzzy-Cluster}$ mit dem Fuzzifizierungsgrad q und der quadratischen Distanz d_c^2 zu

$$\mu_{B_c}[n] = \frac{[d_c^2(\mathbf{x}[n], \overline{\mathbf{x}}_c)]^{\frac{1}{1-q}}}{\sum_{i=1}^{m_y}[d_i^2(\mathbf{x}[n], \overline{\mathbf{x}}_i)]^{\frac{1}{1-q}}}. \tag{2.14}$$

Die Lage der Clusterzentren für Euklidische Distanzen ergibt sich zu

$$\overline{\mathbf{x}}_c = \frac{\sum_{n=1}^{N}(\mu_{B_c}[n])^q \cdot \mathbf{x}[n]}{\sum_{n=1}^{N}(\mu_{B_c}[n])^q}. \tag{2.15}$$

Datensätze, die eine große Zugehörigkeit besitzen, sorgen dafür, dass die Clusterzentren stärker in ihre Richtung gezogen werden als Datensätze, die lediglich eine kleine Zugehörigkeit besitzen. Da Gleichung (2.10) nicht geschlossen gelöst werden kann, müssen die Gleichungen (2.14) und (2.15) für die Startcluster iterativ berechnet werden. Möglich ist die iterative Berechnung erst, nachdem Startcluster gewählt wurden. Startcluster können auf unterschiedliche Arten gewählt werden, beispielsweise zufällig verteilt. Die Iterationen werden so lange ausgeführt, bis die Änderungen der Zugehörigkeiten in aufeinanderfolgenden Schritten des Iterationsprozesses einen Schwellwert unterschreiten. Der Schwellwert ε gibt also eine Information über die Güte der optimierten Zugehörigkeiten. Allgemein wird ein Fuzzifizierungsgrad von $q = 2$ empfohlen [63, 85]. Auch hier wird der Fuzzifizierungsgrad mit $q = 2$ eingestellt. So wurden die Prozessvariablen der beiden erstellten Benchmarkdatensätze BM_1 und BM_2 mit der Clusteranzahl 10 und dem Fuzzy-C-Means-Algorithmus geclustert. Als Abstandsmaße wurden zum einen die Euklidische Distanz, zum anderen die Varianznormierung gewählt, um beide Abstandsmaße miteinander vergleichen zu können. Der Fuzzy-C-Means-Algorithmus nutzt eine Distanz $d_c^2(\mathbf{x}[n], \overline{\mathbf{x}}_c)$ mit

$$d_c^2(\mathbf{x}[n], \overline{\mathbf{x}}_c) = (\mathbf{x}[n] - \overline{\mathbf{x}}_c)^T \cdot \mathbf{M} \cdot (\mathbf{x}[n] - \overline{\mathbf{x}}_c). \tag{2.16}$$

Die Matrix $\mathbf{M}$ ist hierbei positiv definit, besitzt also positive Eigenwerte. Für die in Abb. 2.8(a) verwendete Euklidische Distanz entspricht die

Matrix $\mathbf{M}$ der Einheitsmatrix $\mathbf{I}$. Im Fall der in Abb. 2.8(b) verwendeten Varianznormierung werden mit der geschätzten Standardabweichung $\hat{\sigma}_l$ nach

$$\mathbf{M} = \frac{1}{\hat{\sigma}_l} \cdot \mathbf{I} \qquad (2.17)$$

alle Merkmale auf einen Mittelwert von Null und auf eine Varianz und Standardabweichung von Eins im Lerndatensatz normiert [96]. Diese Normierung verbessert das Auffinden von Clusterzentren gegenüber der Euklidischen Distanz deutlich, sodass alle Cluster in der Abbildung, jedoch nicht im Merkmalsraum kreisförmig ausgebildet sind. Deutlich erkennbar ist der Zusammenhang in Abb. 2.8. Hierfür wird der Temperaturbereiche um T=20°C in Abb. 2.8(a) dem in Abb. 2.8(b) gegenüber gestellt. Dabei fällt auf, dass die Datensätze im genannten Bereich in Abb. 2.8(a) nur Cluster 10 zugewiesen wurden. In Abb. 2.8(b) hingegen gehören die Datentupel zu den Clustern 1, 5, 6 und 8. Somit wird in dem vorliegenden konkreten Beispiel die Temperatur gegenüber dem pH-Wert nicht übergewichtet. Für das weitere Vorgehen wird aus den genannten Gründen die Varianznormierung als Abstandsmaß des Clusterverfahrens verwendet.

Für die Anwendung der Datenvorverarbeitung ergeben sich folgende Szenarien:

1. Die Vorverarbeitung der Prozessdaten erfolgt durch den Hersteller des Sensors.

2. Die Vorverarbeitung der Prozessdaten erfolgt durch den Anwender.

3. Die Vorverarbeitung der Prozessdaten erfolgt durch den Hersteller und durch den Anwender.

   a) Der Anwender führt aufgrund eigener Bedürfnisse eine Datenvorverarbeitung nach der des Herstellers durch.

   b) Der Anwender wird darauf hingewiesen, dass die Datenvorverarbeitung durch den Hersteller nicht seinen Erfordernissen entspricht und führt daraufhin eine erneute Datenvorverarbeitung durch.

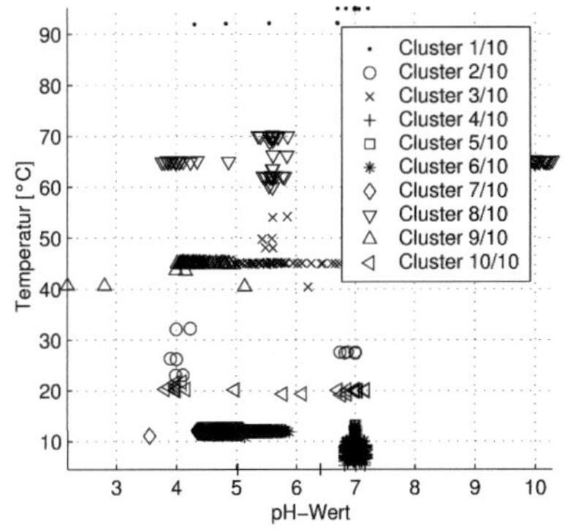

(a) Geclusterter Prozessraum für Benchmarkdatensatz BM_1, gewählt wurde eine Euklidische Distanz als Abstandsmaß

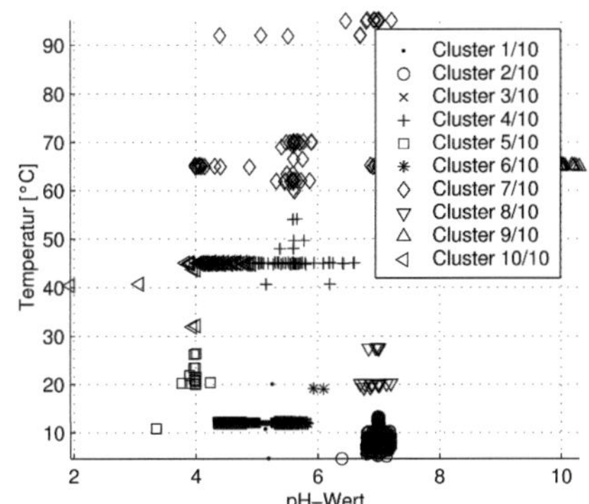

(b) Geclusterter Prozessraum für Benchmarkdatensatz BM_1, mit einer Varianznormierung als Abstandsmaß

Abbildung 2.8: Prozessraum für Benchmarkdatensatz BM_1

In Fall 1 führt der Hersteller selbst die Datenvorverarbeitung mit Prozessdaten durch. Die Prozessdaten können aus mehreren Quellen stammen. Im allgemeinen Fall stammen die Prozessdaten aus einem durch den Hersteller definierten Benchmarkdatensatz, der eine große Zahl Standardprozesse aus der chemischen, der verfahrenstechnischen und der Pharmaindustrie beinhaltet. Im speziellen Fall hat der Anwender die Möglichkeit, dem Hersteller der pH-Glaselektroden einen Datensatz zur Verfügung zu stellen. Dieser Datensatz bildet den Prozess, in dem der Sensor während seiner Einsatzdauer betrieben wird, möglichst genau ab.

In Fall 2 führt der Anwender selbst die Datenvorverarbeitung durch. Dabei wird keine vorherige Datenvorverarbeitung durch den Sensorhersteller benötigt. Hier ergeben sich zwei wesentliche Varianten. Zum einen besteht für den Anwender die Möglichkeit, einen allgemeinen Referenzdatensatz für die im Betrieb charakteristischen Prozesse zu definieren. Zum anderen ist es möglich, mit Hilfe des einzusetzenden Sensors im Betrieb selbst die für die Datenvorverarbeitung notwendigen Daten aufzuzeichnen und sie weiter zu verwenden.

In Fall 3 (a) verwendet der Anwender einen Sensor, der bereits Informationen aus einer früheren Datenvorverarbeitung enthält. Die Informationen aus früheren Datenvorverarbeitungen können vom Hersteller des Sensors stammen, aber auch von einer Datenvorverarbeitung durch den Anwender im Sinne von Fall 2. Für beide Alternativen gilt die gleiche Vorgehensweise wie in Fall 2. Hierfür werden die bestehenden Informationen aus früheren Datenvorverarbeitungsschritten überschrieben.

In Fall 3 (b) wird der Anwender darauf hingewiesen, dass eine erneute Datenvorverarbeitung notwendig ist. Der Hinweis kann durch eine statistische Auswertung der Prozessdaten erfolgen. Hierfür können die arithmetischen Mittelwerte und die Standardabweichungen der Prozessparameter verwendet werden. Für den ersten Prozessparameter ergibt sich der Mittelwert ab einem Abtastpunkt $k_{\mathrm{Proc}}=2$ zu

$$\overline{z}_{p,1}\left[k_{\mathrm{Proc}}\right] = \frac{1}{k_{\mathrm{Proc}}} \sum_{k=2}^{k_{\mathrm{Proc}}} z_{p,1}[k] \tag{2.18}$$

und die Standardabweichung ab einem Abtastpunkt $k_{\mathrm{Proc}}=2$ zu

$$\hat{\sigma}_{z_{p,1}}\left[k_{\mathrm{Proc}}\right] = \sqrt{\frac{1}{k_{\mathrm{Proc}}-1} \sum_{k=2}^{k_{\mathrm{Proc}}} \left(z_{p,1}[k] - \overline{z}_{p,1}[k]\right)^2}. \tag{2.19}$$

Die Entscheidung darüber, ob ein Hinweis ausgegeben werden soll, dass die Datenvorverarbeitung nicht ausreichend war, kann erst nach Betrachtung der folgenden Gleichung (2.20) erfolgen. Hier muss gelten, dass die Clusterzeitreihe $z_{Cluster}[k_{\mathrm{Proc}}]$ für alle k_{Proc} die gleichen diskreten Clusterzugehörigkeiten enthält, während mindestens eine der Standardabweichungen der Prozessparameter $\hat{\sigma}_{z_{p,1}} \ldots \hat{\sigma}_{z_{p,P}}$ einen der definierten Schwellwerte $\varepsilon_{\sigma_{z_{p,1}}} \ldots \varepsilon_{\sigma_{z_{p,P}}}$ übersteigt. Für den ersten Prozessparameter $z_{p,1}$ ergibt sich demnach $\hat{\sigma}_{z_{p,1}}\left[k_{\mathrm{Proc}}\right] > \varepsilon_{\sigma_{z_{p,1}}}$.

Alle Clusterzugehörigkeiten neuer Abtastzeitpunkte der Prozessvariablenzeitreihen $\mathbf{z}_p$ können innerhalb des Prozessraums bestimmt werden. Um eine scharfe Zuordnung zu einem Cluster zu erhalten, müssen die unscharfen Clusterzugehörigkeiten noch diskretisiert werden, indem einem Abtastzeitpunkt der Cluster mit der größten Clusterzugehörigkeit zugewiesen wird. Als Ergebnis wird eine neue Zeitreihe aus diskreten Clusterzugehörigkeiten nach

$$z_{Cluster}[k_{\text{Proc}}] = \arg\max_{c}\left(\boldsymbol{\mu}_{B_c}[n]\right) \tag{2.20}$$

zu allen Abtastzeitpunkten des Prozesses mit $k_{\text{Proc}} = 1 \ldots K_{\text{Proc}}$ erhalten. Die so erhaltenen neuen Zeitreihen aus Clusterzugehörigkeiten sind in Abb. 2.9(a) für Datensatz BM_1 und 2.9(b) für Datensatz BM_2 aus Gründen der Übersichtlichkeit nur für die jeweils erste Alterungsstufe wiedergegeben.

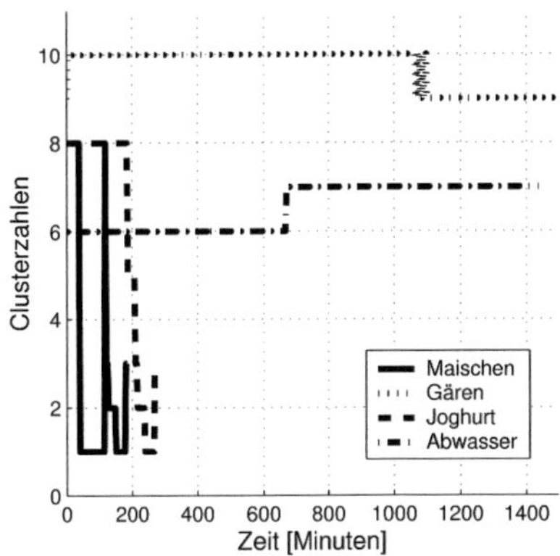

(a) Zeitreihen aus Clusterzugehörigkeiten für Benchmarkdatensatz BM_1

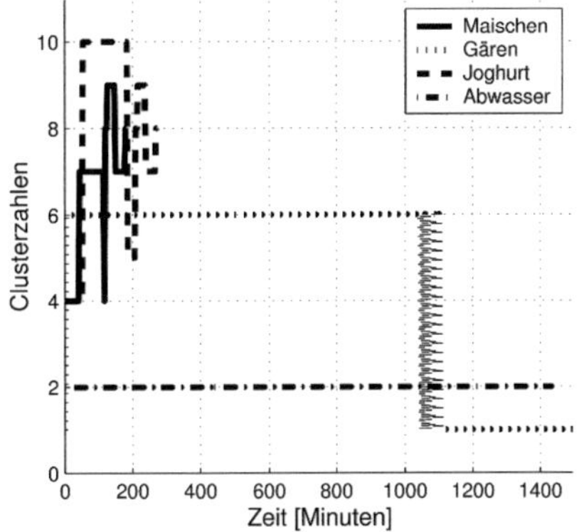

(b) Zeitreihen aus Clusterzugehörigkeiten für Benchmarkdatensatz BM_2

Abbildung 2.9: Zeitreihen aus Clusterzugehörigkeiten für die beiden erstellten Benchmarkdatensätze BM_1 und BM_2. Dargestellt sind die ersten Zeitreihen (k_{Diag}=1) für alle vier Prozesse. Erkennbar sind die Oszillationen im Prozess Gären zwischen 1000 und 1100 Minuten. Hier oszillieren die Clusterzugehörigkeiten deutlich zwischen 10 und 9 (2.9(a)) bzw. 6 und 1 (2.9(b)).

Die neuen Zeitreihen bestehen aus Clusterzugehörigkeiten; damit repräsentiert jeder Abtastpunkt der neuen Zeitreihen den Cluster, der ihm mit der größten Wahrscheinlichkeit zugewiesen wurde. Auffällig sind bei den

Zeitreihen des Prozesses Gären die Bereiche um 1100 Minuten. In diesen Bereichen finden sehr schnelle Oszillationen zwischen zwei Clusterzugehörigkeiten statt. In Benchmarkdatensatz BM_1 oszilliert die Zeitreihe zwischen den Clusterzugehörigkeiten 10 und 9, in Benchmarkdatensatz BM_2 zwischen den Clusterzugehörigkeiten 6 und 1. Zwischenwerte werden nicht erreicht. Das Auftreten von Oszillationen ist durch Übergangsvorgänge bei der Zuweisung zu den Clustern zu erklären: Da der pH-Wertebereich des Prozesses Gären bei etwa konstanter Temperatur abläuft, aber in drei Cluster unterteilt ist, muss dieser Prozess alle drei Cluster während des insgesamt sehr langsamen Prozesses durchlaufen. An den Übergängen zwischen den Clustern bestimmt das Rauschen, das dem pH-Nutzsignal überlagert ist, die Clusterzugehörigkeit. Das Rauschen ergibt sich im Fall der Benchmarkdatensätze aus den Zufallszahlen $w_{p,1}$ (für den Prozessparameter $z_{p,1}$, den pH-Wert) und $w_{p,2}$ (für den Prozessparameter $z_{p,2}$, die Temperatur). Da das Rauschen ein Zufallsprozess ist, sind somit die Clusterzugehörigkeiten an den Stellen der Übergänge zufällig verteilt. Erst wenn ein ausreichender Abstand von den Clustergrenzen gegeben ist, welcher größer ist als das Rauschen, ist die Clusterzugehörigkeit wieder eindeutig und Oszillationen treten nicht mehr auf. Der Effekt tritt während aller Alterungsstufen auf und nimmt tendenziell bei fortschreitender Alterung aufgrund des größer werdenden Rauschniveaus zu.

Das Problem der Oszillation von Clusterzugehörigkeiten innerhalb einer Zeitreihe wird in der Übersichtsliteratur [32, 74, 84, 92] nicht beschrieben. Vielmehr werden Zeitreihen, in denen die Clusterzugehörigkeiten oszillieren, bewusst mit den auftretenden Oszillationen klassifiziert [116]. Da im vorliegenden Fall die Oszillationen zwischen zwei Clusterzugehörigkeiten nicht die Abfolge von Teilschritten eines chemischen Prozesses repräsentieren, muss ein neues Verfahren entwickelt werden, das es ermöglicht, die Oszillationseffekte aus der Zeitreihe zu entfernen.

Für die Entfernung der Oszillationen wird im Folgenden ein neuartiges Verfahren vorgeschlagen, das die Markov-Eigenschaft des begrenzten Horizonts (s. Abschnitt 2.5.2) verwendet. Zu Beginn wird eine quadratische Matrix $\mathbf{H}$ mit

$$\mathbf{H} = \{h_{ij}\} = \begin{bmatrix} h_{11} & h_{12} & \cdots & h_{1m_y} \\ h_{21} & h_{22} & \cdots & h_{2m_y} \\ \vdots & \vdots & \ddots & \vdots \\ h_{m_y1} & h_{m_y2} & \cdots & h_{m_ym_y} \end{bmatrix} \tag{2.21}$$

angelegt, die die absoluten Häufigkeiten eines Übergangs von einer Clusterzahl $z_{Cluster}[k_{Proc}]$ zu ihrem Nachfolger $z_{Cluster}[k_{Proc}+1]$ innerhalb der Zeitreihe angibt. Der Benutzer muss hierfür beim Vorhandensein von Oszillationen nach dem ersten vollständigen Prozessablauf das Ende des Prozesses manuell bestätigen, um so einen Anhaltspunkt für die Länge des Prozesses zu geben. Die absoluten Häufigkeiten ergeben sich damit als die Summe der Anzahl von Übergängen von einer Clusterzugehörigkeit auf die jeweils nächste. Die Größe der Matrix bestimmt sich aus der Anzahl der verwendeten Cluster m_y. Ein Übergang von jeder zu jeder möglichen Clusterzahl kann stattfinden. Die Laufindizes i und j geben den Übergang von einer Clusterzahl zur nächsten an, i bezeichnet die Ausgangsclusterzahl, j die Zielclusterzahl eines Übergangs.

Das Verfahren ist sowohl für Prozesse mit auftretenden Oszillationen als auch für Prozesse ohne Oszillationen anwendbar. Für den Prozess Maischen, der in keiner der zehn Alterungsstufen Oszillationen aufweist, ergibt sich so die folgende Häufigkeitsmatrix:

$$\mathbf{H}_{Maischen,1...10} = \begin{bmatrix} 30 & 0 & 1 & 0 & 0 & 0 & 0 & 1 & 0 & 0 \\ 1 & 6 & 0 & 0 & 0 & 0 & 0 & 0 & 0 & 0 \\ 0 & 1 & 2 & 0 & 0 & 0 & 0 & 0 & 0 & 0 \\ 0 & 0 & 0 & 0 & 0 & 0 & 0 & 0 & 0 & 0 \\ 0 & 0 & 0 & 0 & 0 & 0 & 0 & 0 & 0 & 0 \\ 0 & 0 & 0 & 0 & 0 & 0 & 0 & 0 & 0 & 0 \\ 0 & 0 & 0 & 0 & 0 & 0 & 0 & 0 & 0 & 0 \\ 1 & 0 & 1 & 0 & 0 & 0 & 0 & 0 & 0 & 11 \\ 0 & 0 & 0 & 0 & 0 & 0 & 0 & 0 & 0 & 0 \\ 0 & 0 & 0 & 0 & 0 & 0 & 0 & 0 & 0 & 0 \end{bmatrix} \tag{2.22}$$

Im Gegensatz hierzu treten während des Alterungsvorgangs des Sensors im Prozess Gären durch den langsamen Prozessverlauf und das mit der

Alterung verbundene zunehmende Rauschen Oszillationen auf. Zum Vergleich ergeben sich für die Alterungsstufen $k_{\text{Diag}}=1$ und $k_{\text{Diag}}=10$ die folgenden Häufigkeitsmatrizen:

$$\mathbf{H}_{\text{Gären},1} = \begin{bmatrix} 8 & 0 & 1 & 0 & 0 & 0 & 0 & 0 & 0 & 0 \\ 1 & 6 & 0 & 0 & 0 & 0 & 0 & 0 & 0 & 0 \\ 0 & 1 & 2 & 0 & 0 & 0 & 0 & 0 & 0 & 0 \\ 0 & 0 & 0 & 792 & 20 & 0 & 0 & 0 & 6 & 0 \\ 0 & 0 & 1 & 19 & 930 & 0 & 0 & 0 & 0 & 0 \\ 0 & 0 & 0 & 0 & 0 & 0 & 0 & 0 & 0 & 0 \\ 0 & 0 & 0 & 0 & 0 & 0 & 0 & 0 & 0 & 0 \\ 0 & 0 & 0 & 0 & 0 & 0 & 0 & 0 & 0 & 0 \\ 0 & 0 & 0 & 7 & 0 & 0 & 0 & 0 & 489 & 5 \\ 0 & 0 & 0 & 0 & 0 & 0 & 0 & 0 & 5 & 318 \end{bmatrix} \tag{2.23}$$

$$\mathbf{H}_{\text{Gären},10} = \begin{bmatrix} 6 & 0 & 1 & 0 & 0 & 0 & 0 & 1 & 0 & 0 \\ 1 & 6 & 0 & 0 & 0 & 0 & 0 & 0 & 0 & 0 \\ 0 & 1 & 2 & 0 & 0 & 0 & 0 & 0 & 0 & 0 \\ 0 & 0 & 0 & 290 & 309 & 0 & 0 & 0 & 193 & 18 \\ 0 & 0 & 1 & 322 & 453 & 0 & 0 & 0 & 69 & 1 \\ 0 & 0 & 0 & 0 & 0 & 0 & 0 & 0 & 0 & 0 \\ 0 & 0 & 0 & 0 & 0 & 0 & 0 & 0 & 0 & 0 \\ 1 & 0 & 0 & 0 & 0 & 0 & 0 & 0 & 0 & 0 \\ 0 & 0 & 0 & 178 & 82 & 0 & 0 & 0 & 217 & 106 \\ 0 & 0 & 0 & 20 & 1 & 0 & 0 & 0 & 104 & 228 \end{bmatrix} \tag{2.24}$$

Für die Bestimmung der Übergänge der Clusterzahlen werden die absoluten Häufigkeiten jeweils einer Zeile verwendet. Hierbei werden die Zustandsübergänge mit dem nach SHANNON niedrigsten Informationsgehalt [124] aus der Bestimmung herausgelassen. Dabei handelt es sich um die Werte der Hauptdiagonalen der Matrix der absoluten Häufigkeiten $\mathbf{H}$, da der Übergang von einer Clusterzahl auf sich selbst keine Information über den Verlauf eines zeitvarianten chemischen oder verfahrenstechnischen Prozesses enthält. Die Oszillationen der Clusterzahlen lassen die absoluten Häufigkeiten der entsprechenden Übergänge ansteigen. Dabei weist die ursprüngliche Zeitreihe immer Oszillationen zwischen den oszillationsfreien Start- und Endclusterzahlen eines Übergangs auf. In (2.23) und (2.24) sind daher die entsprechenden Einträge der Matrizen $\mathbf{H}$ fett gedruckt, um die Oszillationen aus Abb. 2.9(a) zu verdeutlichen. Durch die Zunahme des Rauschens von $k_{\mathrm{Diag}}{=}1$ zu $k_{\mathrm{Diag}}{=}10$ nimmt auch die absolute Häufigkeit der Oszillationen innerhalb eines Prozessablaufs zu. So steigt die absolute Häufigkeit des Übergangs von Cluster 9 auf Cluster 10 von 5 ($k_{\mathrm{Diag}}{=}1$) auf 106 ($k_{\mathrm{Diag}}{=}10$). Aus den genannten Gründen wird für die Bestimmung der neuen oszillationsfreien und reduzierten Zeitreihe $z_{Cluster,red}$ das Argument der Zeile maximiert, welches den Ausgangswert einer Oszillation liefert. Der Startwert der neuen Zeitreihe ergibt sich aus dem Startwert der alten Zeitreihe. Damit gilt

$$
z_{Cluster,red}[l] = \begin{cases} z_{Cluster}[k_{\mathrm{Proc}} = 1], & \text{wenn } l = 1, \\ \underset{m_y}{\arg\max}\left(h_{ij}\forall i = z_{Cluster,red}[l-1] \setminus i = j\right), & \text{wenn } l \geq 2. \end{cases}
$$

$$(2.25)$$

Nach Gl. (2.25) bestimmt sich das erste Element ($l = 1$) der Zeitreihe $z_{Cluster,red}$ aus dem ersten Element der Zeitreihe der Clusterzeitreihe $z_{Cluster}$. Die weiteren Elemente der Zeitreihe werden durch eine iterative Suche innerhalb der Häufigkeitsmatrizen $\mathbf{H}$ ermittelt. Hierbei wird innerhalb einer Zeile das größte Element gesucht, das nicht auf der Hauptdiagonalen liegt. Die Zeile ergibt sich aus dem vorigen Element der reduzierten Clusterzeitreihe $z_{Cluster,red}[l-1]$. Die Spalte j definiert das aktuelle Element l der Clusterzeitreihe.

Hiermit werden die neuen Zeitreihen $z_{Cluster,red}$ erhalten. Die so gewonnenen reduzierten Clusterzeitreihen ergeben sich aus den ursprünglichen Clusterzeitreihen $z_{Cluster}$, s. Abb. 2.9(a), nach der Entfernung auftretender Oszillationen mit Hilfe von Gl. (2.25) exemplarisch für die Prozesse Maischen und Gären aus Benchmarkdatensatz BM_1 zu

$$
z_{Cluster,red,Maischen} = (8\,1\,3\,2\,1\,3\,2\,1\,\ldots;\,8\,1\,3\,2\,1\,3\,2\,1\,\ldots) \tag{2.26}
$$

und

$$
z_{Cluster,red,Gären} = (10\,9\,4\,5\,4\,5\,\ldots;\,10\,9\,4\,5\,4\,5\,\ldots). \tag{2.27}
$$

Die neuen Zeitreihen enthalten Zyklen, welche entweder den Prozess nicht repräsentieren oder die für den Prozess typische Abfolge von Clus-

terzahlen wiederholen. Eine Untersuchung auf auftretende Zyklen bzw. deren Isolierung ist von großer Bedeutung, da hiermit sich wiederholende Prozessabläufe und nicht repräsentative Clusterzahlen erkannt werden können. Somit können Anfang und Ende eines Prozesses bestimmt und neue Sequenzen gewonnen werden, die sich zu einer Klassifikation eignen. Auch ist es damit möglich, die Anzahl bereits durchlaufener Prozesszyklen zu bestimmen, falls diese Anzahl für die Bestimmung des Zustands des Sensors oder aus Sicherheitsgründen von Interesse ist. Beispielsweise kann die Anzahl von bereits stattgefundenen Reinigungs- oder Sterilisationszyklen bestimmt werden, falls die Informationen nicht schon aus anderer Quelle dem Anwender bekannt sind. Durch die vorgenommene Reduktion wird aus der reduzierten Zeitreihe $z_{Cluster,red}$ eine Sequenz o mit der neuen Länge T. Die Sequenz o repräsentiert die Abfolge von Clusterzugehörigkeiten, die während eines einzigen Durchlaufs eines chemischen oder verfahrenstechnischen Prozesses den gemessenen Prozessvariablen $\mathbf{z}_p$ zugeordnet wurden. Von dieser Sequenz wird angenommen, dass sie einen Prozess hinreichend genau repräsentieren kann und wird dafür verwendet, den Prozess zu ermitteln. Die Annahme ergänzt die bereits in Abschnitt 2.3 getroffene Annahme, dass sich ein Prozess anhand seiner gemessenen Prozessvariablen identifizieren lässt.
Ein einfaches Beispiel für einen Algorithmus, der in der Lage ist, Zyklen zu finden, ist der Hase-Igel-Algorithmus [44]. Im weiteren wird ein modifizierter Algorithmus vorgestellt, der auf dem Hase-Igel-Algorithmus aufbaut. Der modifizierte Algorithmus ist aber in der Lage, auch nach einem aufgefundenen Zyklus seine Funktionsfähigkeit zu behalten. Diese Eigenschaft ist für die Onlinefähigkeit notwendig.

Die ursprüngliche Form des Hase-Igel-Algorithmus beruht auf der Vorgehensweise, eine Sequenz mit unterschiedlichen Schrittweiten zu durchlaufen. Es werden zwei Zeiger verwendet, die einen Hasen und einen Igel symbolisieren und zu Beginn des Ablaufs auf das erste bzw. das zweite Element der Sequenz zeigen. Bei jeder Iteration bewegen sich beide Zeiger in gleicher Richtung durch die zu untersuchende Sequenz, jedoch mit unterschiedlicher Schrittweite. Während der Zeiger, der den Igel repräsentiert, sich von einem Element zum nächsten bewegt, überspringt der Hase immer ein Element, sodass seine Schrittweite doppelt so groß ist wie die des Igels. Nachdem beide Zeiger um einen bzw. zwei Schritte versetzt werden, werden die Elemente verglichen, auf die beide zeigen. Handelt es sich um gleiche Elemente, liegt ein Zyklus vor und der Algorithmus wird beendet. Beide Zeiger zeigen bei Abbruch des Algorithmus auf das letzte Element einer Sequenz. Im oberen Teil von Tabelle 2.4 ist die ursprüngliche Form des Hase-Igel-Algorithmus veranschaulicht. Zu Beginn (l=2) zeigt Zeiger Z_1 auf das erste Zeitreihenelement: 8. Zeiger Z_2 zeigt auf das zweite Zeitreihenelement: 2. Im weiteren Verlauf bewegt sich Zeiger Z_1 jeweils um einen Schritt voran, Zeiger Z_2 um zwei Schritte. Für l=6 zeigen beide Zeiger auf ein gleiches Zeitreihenelement (3), sodass nach dem Hase-Igel-Algorithmus ein Zyklus gefunden wurde.

Anhand Tabelle 2.4 ist der Ablauf des Algorithmus am Beispiel der Abfolge der Clusterzahlen für den Prozess Maischen für Benchmarkdatensatz BM_1 ersichtlich.

Zu Anfang des modifizierten Algorithmus wird die Variable $l_{Start} = l$ und die Variable $l_{Offset} = l - 1$ gesetzt. Beim Beginn ist $l = 1$. Damit beginnt die Suche nach Zyklen beim ersten Zeitreihenelement. Verglichen werden Zeitreihenelemente zu Beginn aber nur, falls l_{Lauf} gerade ist, wobei $l_{Lauf} = l - l_{Offset}$. Da der Algorithmus immer zwei Zeitreihenelemente zum Vergleich benötigt, wird vor dem ersten Vergleich l inkrementiert. Die beiden Zeiger Z_1 und Z_2 zeigen jeweils auf das l-te Zeitreihenelement bzw. auf das Zeitreihenelement, welches sich in der Mitte zwischen dem l-ten und dem Startelement befindet. Damit ist zu Beginn

$$Z_1 \ = \ l - \frac{l_{Lauf}}{2}, \tag{2.28}$$
$$Z_2 \ = l \tag{2.29}$$

für gerade l_{Lauf}.

Nach der Zuweisung der Zeiger Z_1 und Z_2 werden die Zeitreihenelemente innerhalb der bereits durch die Häufigkeitsmatrizen reduzierten Clusterzeitreihen $z_{Cluster,red}$ verglichen, auf die die Zeiger deuten. Falls die Bedingung $z_{Cluster,red}[Z_1] = z_{Cluster,red}[Z_2]$ erfüllt ist, werden die azyklischen Bereiche aus der Zeitreihe nach der Bestimmung der Zyklenschrittweite $l_{Schritt} = Z_2 - Z_1$ nach

$$O = \begin{cases} z_{Cluster,red}[l_{Start} \ldots Z_2 - l_{Schritt}], & \text{wenn } l - l_{Start} > 5, \\ z_{Cluster,red}[l_{Start} \ldots Z_2 - 1], & \text{wenn } l - l_{Start} \leq 5 \end{cases} \qquad (2.30)$$

extrahiert. Der Fall der Extraktion trifft in Tabelle 2.4 zum ersten Mal für $l = 6$ zu. Zur Berücksichtigung des Umstands, dass ein Zyklus aus mindestens zwei aufeinander folgenden Zeitreihenelementen besteht und dass ein azyklischer Prozessabschnitt durch mindestens ein Zeitreihenelement repräsentiert wird, ergibt sich eine minimale Schrittweite von $l_{Schritt} = 3$. Somit muss $l - l_{Start} > 5$ gelten.
Sollten sich vor dem Anlegen einer neuen Häufigkeitsmatrix **H** noch Zyklen innerhalb der Zeitreihen befinden, sollten die Zyklen nicht mehr identifiziert werden. Jedoch müssen die Anfänge neuer azyklischer Sequenzen gefunden werden. Das Auffinden der Anfänge neuer azyklischer Sequenzen kann dadurch erreicht werden, dass der Algorithmus die weiter zyklischen Abschnitte mit beiden Zeigern durchläuft. Dabei führen beide Zeiger diesen Durchlauf mit der gleichen Schrittweite von einem Zeitreihenelement (in Tabelle 2.4 für $l = 51 \ldots 54$) aus, jedoch mit dem Abstand, welcher der Länge des Zyklus entspricht. Falls beide Zeiger auf Zeitreihenelemente zeigen, die die gleiche Clusterzugehörigkeit enthalten, liegt weiterhin ein Zyklus vor; unterscheiden sich die Elemente, zeigt der zweite Zeiger auf ein neues azyklisches Element ($l = 54$). Die Variable l_{Start} wird auf die aktuelle Position innerhalb der Zeitreihe l gesetzt ($l = 55$ für Z_2) und der Algorithmus beginnt erneut. Wurde ein azyklisches Element erkannt und zeigte Z_2 auf ein Zeitreihenelement, für welches $l =$ungerade gilt, gelten die Gleichungen (2.28) und (2.29) weiterhin für $l_{Lauf} =$gerade.

Der modifizierte Algorithmus zur Zyklenerkennung ist in Abb. 2.10 als Ergänzung zur vorausgegangenen Erläuterung grafisch dargestellt. In der Darstellung ist kein Ende des Algorithmus angegeben, da er onlinefähig ist und während der gesamten Einsatzdauer der pH-Glaselektrode im Prozess abläuft.

l	1	2	3	4	5	6	7	8	...
	8	1	3	2	1	3	2	1	...
2	$\uparrow Z_1$	$\uparrow Z_2$							
4		$\uparrow Z_1$		$\uparrow Z_2$					
6			$\uparrow Z_1$			$\uparrow Z_2$			
$\vdots$									

l	51	52	53	54	55	56	57	58	59	60	...
	3	2	1	8	1	3	2	1	3	2	...
51	$\uparrow Z_2$										
52		$\uparrow Z_2$									
53			$\uparrow Z_2$								
54	$\uparrow Z_1$			$\uparrow Z_2$							
55				$\uparrow Z_1$	$\uparrow Z_2$						
57					$\uparrow Z_1$		$\uparrow Z_2$				
59						$\uparrow Z_1$			$\uparrow Z_2$		

Tabelle 2.4: Ablauf des modifizierten Hase-Igel-Algorithmus für zwei aufeinander folgende Sequenzen des Prozesses Maischen in Benchmarkdatensatz BM_1. Zu Beginn wird der ursprüngliche Hase-Igel-Algorithmus [44] ausgeführt. Beide Zeiger bewegen sich mit einfacher (Z_1) bzw. doppelter Schrittweite (Z_2) voran. Für $l=6$ zeigen beide Zeiger auf ein Zeitreihenelement gleicher Clusterzugehörigkeit. Danach laufen beide Zeiger mit einfacher Schrittweite und konstantem Abstand weiter, bis ein nicht-zyklisches Element gefunden wurde ($l=54$). Danach beginnt der Hase-Igel-Algorithmus erneut.

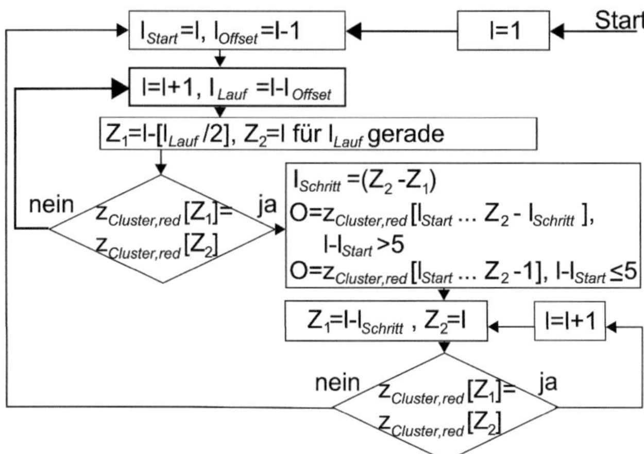

Abbildung 2.10: Modifizierter und onlinefähiger Hase-Igel-Algorithmus zur Zyklenerkennung

2.5.2 Klassifikation der Sequenzen

Das Ziel der Klassifikation der Sequenzen o ist es, die Zugehörigkeit zu bekannten Prozessklassen zu bestimmen. Durch die Existenz einer Folge von Clusterzugehörigkeiten werden einerseits komplexe Prozesse als Folge von Einzelprozessen erkannt, andererseits auch mögliche Merkmale generiert, die für die Alterung des Sensorsystems wesentlich sein können. Ähnliche Probleme werden in der Sprachanalyse oder in der Bioinformatik, beispielsweise in der Genomanalyse, durch den Einsatz von Hidden-Markov-Modellen [20, 23, 40, 76, 79, 81, 88, 114, 115] gelöst. Die grundlegende Annahme beim Einsatz von Hidden-Markov-Modellen (HMMs) ist, dass das Auftreten einer bestimmten sprachlichen oder genetischen Erscheinung, wie beispielsweise eines Wortes oder eines Gens, oder hier das Auftreten einer bestimmten Abfolge von Prozessklassen, durch eine Wahrscheinlichkeitsverteilung beschrieben werden kann.

Grundlage der Hidden-Markov-Modelle sind die von MARKOV in [89] eingeführten Markov-Ketten [104], die auch zur abstrakten Verhaltensmodellierung technischer Systeme [90] eingesetzt werden.

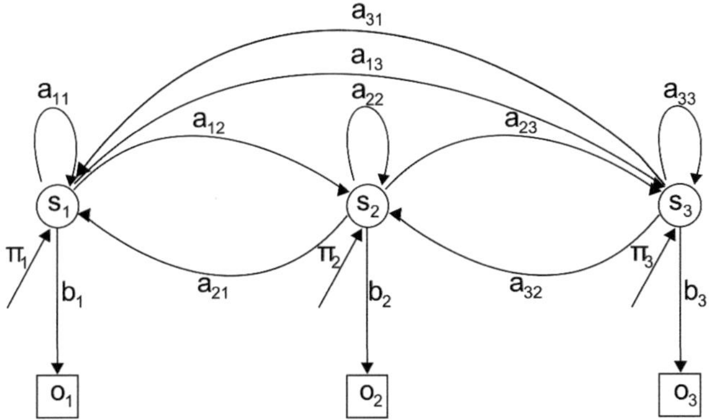

Abbildung 2.11: Hidden-Markov-Modell mit drei Zuständen

Ein Hidden-Markov-Modell ist ein Modell für eine Verteilung einer Menge von Zufallsvariablen $\{O_1, \ldots, O_T, X_1, \ldots, X_T\}$, wobei die O_t stetig oder diskret verteilt und sichtbar, die X_t jedoch diskret verteilt und unsichtbar sind. Ein Hidden-Markov-Modell ist als ein 5-Tupel $\langle S, K, \Pi, \mathbf{A}, \mathbf{B} \rangle$ mit

$S = \{s_1, \ldots, s_N\}$ Menge der Zustände

K Ausgabealphabet

Π Matrix der Anfangswahrscheinlichkeiten für Startzustände

$\mathbf{A}$ Matrix der Übergangswahrscheinlichkeiten

$\mathbf{B}$ Matrix der Ausgabewahrscheinlichkeiten

definiert.
Die Zufallsvariablen O_t geben die beobachteten Daten wieder, die Werte der O_t liegen im Ausgabealphabet K. Die Werte der X_t repräsentieren die durchlaufenen Zustände, liegen also in S. Für die Prozesse, die durch Hidden-Markov-Modelle modelliert werden, werden zwei Annahmen getroffen, die gleichzeitig die Grundeigenschaften der Hidden-Markov-Modelle darstellen [114, 115]:

Begrenzter Horizont Die Wahrscheinlichkeit, einen bestimmten Zustand s_i zu erreichen, hängt nur vom vorausgehenden Zustand ab:

$$P(X_{t+1} = s_i | X_1, \ldots, X_t) = P(X_{t+1} = s_i | X_t). \qquad (2.31)$$

Zeitinvarianz Die Wahrscheinlichkeit, einen bestimmten Zustand zu erreichen, ist zu jedem Zeitpunkt gleich:

$$P(X_{t+1} = s_i | X_t) = P(X_2 = s_i | X_1); X_t = X_1. \qquad (2.32)$$

Für die Schätzung der Übergangswahrscheinlichkeiten $\mathbf{A} = \{a_{ij}\}$ einer Prozessklasse p muss ein zugehöriges Hidden-Markov-Modell trainiert werden. Das Lernproblem wird mit Hilfe des Baum-Welch-Algorithmus [19, 138] gelöst, welcher in [19] eingeführt wurde. Der Baum-Welch-Algorithmus ist ein Spezialfall des EM-Algorithmus[10] [37], mit dem ein Maximum-Likelihood-Schätzwert, ein Maß für die Ähnlichkeit des überprüften mit dem trainierten Prozess, ermittelt werden kann.
Ziel des Lernverfahrens ist es, die Übergangswahrscheinlichkeiten

$$\mathbf{A} = \{a_{ij}\} = \begin{bmatrix} a_{11} & a_{12} & \cdots & a_{1j} \\ a_{21} & a_{22} & \cdots & a_{2j} \\ \vdots & \vdots & \ddots & \vdots \\ a_{i1} & a_{i2} & \cdots & a_{ij} \end{bmatrix} \qquad (2.33)$$

mit der Eigenschaft

$$\sum_{j=1}^{N} a_{ij} = 1 \qquad (2.34)$$

für $i = \{1, 2, \ldots, I\}$ zwischen den Zuständen des Hidden-Markov-Modells sowie die Ausgabewahrscheinlichkeiten b_i eines Zeichens aus den Zuständen möglichst genau zu bestimmen.
Um die Matrix der Übergangswahrscheinlichkeiten im weiteren Verfahren optimieren zu können, muss zuerst eine Matrix angelegt werden. Da über die Eigenschaften ihrer Einträge nichts bekannt ist, wird eine Matrix $\mathbf{A}$ mit normalisierten und gleichverteilten Zufallszahlen angelegt. Die

---

[10] Estimation-Maximization-Algorithmus

Normalisierung entspricht einer Skalierung auf einen Wertebereich der Übergangswahrscheinlichkeiten zwischen 0 und 1, wobei die Eigenschaft aus Gleichung (2.34) erfüllt ist.

Analog hierzu werden Zufallszahlen b_i für die Ausgabewahrscheinlichkeiten angelegt. Auch sie sind gleichverteilt und normalisiert.

Zu einer bekannten Sequenz an Beobachtungen o_t sollen durch einen Algorithmus die Modellparameter $\theta = (\mathbf{A}, \mathbf{B}, \mathbf{\Pi})$ eines Hidden-Markov-Modells gefunden werden, die die Beobachtungen bestmöglich erklären. Es müssen die Werte gefunden werden, die die bedingte Wahrscheinlichkeit

$$P(o|\theta) = \arg \max_{\theta} P(o_{tr}|\theta) \tag{2.35}$$

maximieren.

Da kein analytisches Verfahren bekannt ist, welches in der Lage ist, θ so zu bestimmen, dass die bedingte Wahrscheinlichkeit $P(o|\theta)$ maximiert werden kann [88], muss θ durch einen iterativen Bergsteigeralgorithmus[11] lokal maximiert werden.

Der EM-Algorithmus [37, 88] berechnet zu einem beliebigen Modell am Anfang die Wahrscheinlichkeit der Realisierung. Während dieser Berechnung wird bestimmt, wie oft Übergänge zwischen Zuständen und welche Ausgabesymbole verwendet wurden. Im darauf folgenden Schritt werden die Parameter des Modells so bestimmt, dass häufiger verwendete Zustandsübergänge und Ausgabesymbole höhere Wahrscheinlichkeiten zugewiesen bekommen. Nach der Zuweisung ist offensichtlich, dass der Algorithmus im nächsten Schritt für dieses Modell für die Zustandsübergänge und die Ausgabesymbole wieder höhere Wahrscheinlichkeiten berechnen wird. Damit passen sich die Parameter des Modells immer weiter den Trainingsdaten o_{tr} an.

Die erläuterten Schritte werden so lange wiederholt, bis sich die Parameter in aufeinander folgenden Iterationen nur noch unwesentlich ändern.

Als Methode für die Bestimmung der Ähnlichkeit des Modells mit den Trainingsdaten o_{tr} und den Realisierungen o wird die Maximum-Likelihood-Methode eingeführt. Die Funktion

---

[11] *engl.* hill-climbing algorithm

$$\mathcal{L}(\theta|x) = \prod_{\chi \in x} p(\chi|\theta) \tag{2.36}$$

ist die Likelihood-Funktion mit der Zufallsvariablen X, der Realisierung $x = (X_1 \ldots X_t)$ und der Dichtefunktion $p(\chi|\theta)$ von X bezüglich einer bestimmten Belegung von Parametern $\theta \in \Theta$, wobei Θ die Menge aller möglichen Parameterbelegungen für p darstellt.

Ein Parameterwert $\hat{\theta} = \hat{\theta}(x)$ wird als Maximum-Likelihood-Schätzwert bezeichnet, wenn für alle $\theta \in \Theta$

$$\mathcal{L}(\hat{\theta}|x) \geq \mathcal{L}(\theta|x) \tag{2.37}$$

gilt. Allgemein wird ein Maximum von $\mathcal{L}$ durch die Ermittlung der Nullstellen des Differentials $\frac{\partial}{\partial \theta}\mathcal{L}(\theta|x)$ bestimmt. Da die Berechnung oftmals sehr aufwendig sein kann, wird ein Verfahren verwendet, das iterativ den Schätzwert $\hat{\theta}$ bestimmt. Bei diesem Verfahren handelt es sich allgemein um den EM-Algorithmus, der im Falle der Hidden-Markov-Modelle Baum-Welch-Algorithmus genannt wird.

Ausgangspunkt sind die Realisierung $o = (o_1 \ldots o_T)$ und die Zufallsvariable X, deren Werte Zustandssequenzen $x = (X_1 \ldots X_T)$ sind. Die unvollständigen Daten sind die beobachteten Symbole o, die vollständigen Daten bestehen aus o und der Zustandssequenz x. Die Likelihood des Modells θ in Bezug auf die vollständigen Daten ist

$$\mathcal{L}(\theta|o, X) = P(o, X|\theta). \tag{2.38}$$

Da der Verlauf vieler Wahrscheinlichkeitsdichtefunktionen exponentiell ist, ist es sinnvoll, statt des Maximums der Likelihood-Funktion das Maximum des Logarithmus der Likelihood-Funktion zu berechnen. Damit wird für das weitere Vorgehen die Log-Likelihood-Funktion

$$h_{o,\theta}(X) = \log \mathcal{L}(\theta|o, X) \tag{2.39}$$

definiert. Für die Maximierung der Likelihood-Schätzung ist die Maximierung der KULLBACK-LEIBLER-Statistik Q_{EM} [80] hinreichend [37, 61]. Die Q_{EM}-Funktion ergibt sich nach der Herleitung aus den Gleichungen (A.1), (A.2) und (A.3) (s. Anhang A.1) zu

$$QEM\left(\theta,\theta^{(i-1)}\right) \;=\; \sum_x \log\left(\pi_{X_0}\prod_{t=1}^{T} a_{X_{t-1}X_t}b_{X_t}(o_t)\right)P\left(o,x|\theta^{(i-1)}\right) \tag{2.40}$$

Die QEM-Funktion zerfällt in drei Summanden, wenn der Logarithmus in das Produkt gezogen wird:

$$QEM\left(\theta,\theta^{(i-1)}\right) \;=\; \sum_x \log \pi_{X_0}P\left(o,x|\theta^{(i-1)}\right) \tag{2.41}$$

$$+ \sum_x \left(\sum_{t=1}^{T}\log a_{X_{t-1}X_t}\right)P\left(o,x|\theta^{(i-1)}\right) \tag{2.42}$$

$$+ \sum_x \left(\sum_{t=1}^{T}\log b_{X_t}(o_t)\right)P\left(o,x|\theta^{(i-1)}\right) \tag{2.43}$$

Die drei Summanden können dann einzeln im Maximization-Schritt nach Gl. (A.5) bis (A.9) optimiert werden und es ergeben sich die geschätzten Parameter $\hat\pi_i(k)$, $\hat a_{ij}(k)$ und $\hat b_i(k)$ des HMMs zu

$$\hat\pi_i(k) \;=\; \frac{P\left(o,X_t = s_i|\theta^{(i-1)}\right)}{P\left(o|\theta^{(i-1)}\right)} = \gamma_i(0) \tag{2.44}$$

$$\hat a_{ij} \;=\; \frac{\sum_{t=1}^{T}P\left(o,X_{t-1}=s_i,X_t=s_j|\theta^{(i-1)}\right)}{\sum_{t=1}^{T}P\left(o,X_{t-1}=s_i|\theta^{(i-1)}\right)} = \frac{\sum_{t=1}^{T}p_{t-1}(i,j)}{\sum_{t=1}^{T}\gamma_i(t-1)} \tag{2.45}$$

$$\hat b_i(k) \;=\; \frac{\sum_{t=1}^{T}P\left(o,X_t=s_i|\theta^{(i-1)}\right)\delta_{o_t,k}}{\sum_{t=1}^{T}P\left(o,X_t=s_i|\theta^{(i-1)}\right)} = \frac{\sum_{t=1}^{T}\gamma_i(t)\delta_{k,o_t}}{\sum_{t=1}^{T}\gamma_i(t)} \tag{2.46}$$

Für das Training der prozessspezifischen Hidden-Markov-Modelle werden jeweils die ersten drei Sequenzen $o_{tr} = (o_1 o_2 o_3)$ eines Prozesses des Benchmarkdatensatzes BM_1 verwendet. Nach dem Training der Hidden-Markov-Modelle soll deren Funktion, den aktuellen chemischen Prozess zu erkennen, anhand der verbleibenden sieben Sequenzen $o_{val} = o_4\ldots o_{10}$ validiert werden.

Der Fortschritt des Lernverfahrens kann als Lernkurve (s. Abb. 2.12) dargestellt werden. Nach jeder Iteration wird der Wert der Log-Likelihood-

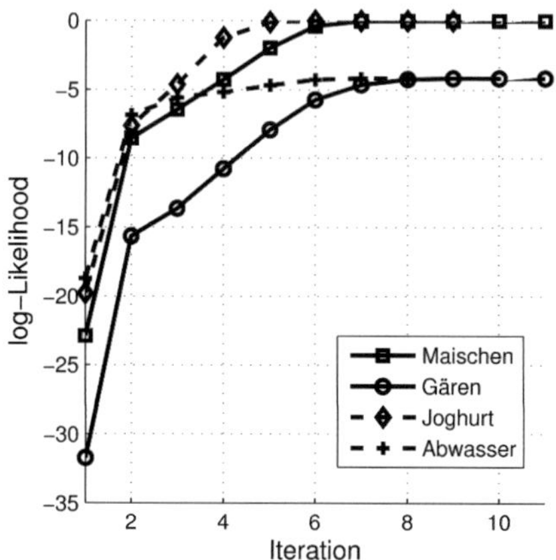

Abbildung 2.12: Lernkurven der Hidden-Markov-Modelle für Benchmarkdatensatz BM_1. Die Lernkurven ergeben sich aus der Ähnlichkeit der angelegten Hidden-Markov-Modelle zu den Trainingsdaten (jeweils für jeden Prozess $o_{tr} = (o_1 o_2 o_3)$) über die durchgeführten Iterationen. Die HMMs für Maischen und Joghurt bzw. für Gären und Abwasser konvergieren ab der siebten Iteration gegen einen Wert von 0 bzw. etwa -4,5.

Funktion zwischen den geschätzten Parametern des Hidden-Markov-Modells und den Trainingsdaten bestimmt. Der so erhaltene Funktionswert der Log-Likelihood-Funktion gilt als Maß für die Anpassung bzw. die Ähnlichkeit des Modells mit den Trainingsdaten. Für das Lernverfahren wurden maximal 15 Iterationen zugelassen und ein Schwellwert für die Konvergenz des Lernverfahrens (des Baum-Welch-Algorithmus) von $T_{BW} = 10^{-4}$ verwendet, wobei aus Abb. 2.12 erkennbar ist, dass die HMMs für die Prozesse Maischen und Gären nach elf Iterationen das Gütekriterium

$$\left| h_{o,\theta}(X) - h_{o,\theta^{i-1}}(X) \right| \leq T_{BW} \tag{2.47}$$

erfüllt haben, die HMMs für Joghurt und Abwasser bereits nach neun bzw. acht Iterationen.

Somit ergeben sich nach dem Lernverfahren für den Benchmarkdatensatz BM_1 die Übergangsmatrizen $\mathbf{A}_p$ zu

$$\mathbf{A}_{\text{Maischen}} = \begin{bmatrix} 0 & 0 & 1 \\ 0 & 0 & 1 \\ 1 & 0 & 0 \end{bmatrix}, \quad (2.48) \qquad \mathbf{A}_{\text{Gaeren}} = \begin{bmatrix} 0 & 0 & 1 \\ 0 & 1 & 0 \\ 0 & 1 & 0 \end{bmatrix}, \qquad (2.49)$$

$$\mathbf{A}_{\text{Joghurt}} = \begin{bmatrix} 0 & 1 & 0 \\ 0 & 0 & 1 \\ 0 & 1 & 0 \end{bmatrix}, \qquad (2.50) \qquad \mathbf{A}_{\text{Abwasser}} = \begin{bmatrix} 0 & 1 \\ 1 & 0 \end{bmatrix}, \qquad (2.51)$$

die Anfangswahrscheinlichkeiten in den Anfangsmatrizen $\mathbf{\Pi}_p$ zu

$$\mathbf{\Pi}_{\text{Maischen}} = \begin{bmatrix} 0 & 1 & 0 \end{bmatrix}, \qquad (2.52) \qquad \mathbf{\Pi}_{\text{Gaeren}} = \begin{bmatrix} 1 & 0 & 0 \end{bmatrix}, \qquad (2.53)$$

$$\mathbf{\Pi}_{\text{Joghurt}} = \begin{bmatrix} 1 & 0 & 0 \end{bmatrix}, \qquad (2.54) \qquad \mathbf{\Pi}_{\text{Abwasser}} = \begin{bmatrix} 1 & 0 \end{bmatrix}, \qquad (2.55)$$

und die Matrizen der Ausgabewahrscheinlichkeiten $\mathbf{B}_p$ zu

$$\mathbf{B}_{\text{Maischen}} = \begin{bmatrix} 0 & 0 & 1 \\ 0 & 0 & 0 \\ 1 & 0 & 0 \\ 0 & 0 & 0 \\ 0 & 0 & 0 \\ 0 & 0 & 0 \\ 0 & 0 & 0 \\ 0 & 1 & 0 \\ 0 & 0 & 0 \\ 0 & 0 & 0 \end{bmatrix}, \qquad (2.56) \qquad \mathbf{B}_{\text{Gären}} = \begin{bmatrix} 0 & 0 & 0 \\ 0 & 0 & 0 \\ 0 & 0 & 0 \\ 0 & 0,5 & 0 \\ 0 & 0,5 & 0 \\ 0 & 0 & 0 \\ 0 & 0 & 0 \\ 0 & 0 & 0 \\ 0 & 0 & 1 \\ 1 & 0 & 0 \end{bmatrix}, \qquad (2.57)$$

$$
\mathbf{B}_{\text{Joghurt}} =
\begin{bmatrix}
0 & 0 & 0 \\
0 & 0 & 0 \\
0 & 0 & 1 \\
0 & 0 & 0 \\
0 & 1 & 0 \\
0 & 0 & 0 \\
0 & 0 & 0 \\
1 & 0 & 0 \\
0 & 0 & 0 \\
0 & 0 & 0
\end{bmatrix} , \qquad (2.58)
\qquad
\mathbf{B}_{\text{Abwasser}} =
\begin{bmatrix}
0{,}5 & 0 \\
0 & 0 \\
0 & 0 \\
0 & 0 \\
0 & 0 \\
0{,}5 & 0 \\
0 & 1 \\
0 & 0 \\
0 & 0 \\
0 & 0
\end{bmatrix} . \qquad (2.59)
$$

Die Ausgabewahrscheinlichkeiten b_i sind hier zur besseren Übersichtlichkeit in den Matrizen $\mathbf{B}_{ji}$ angeordnet, wobei hier die b_i aus Gl. (2.46) spaltenweise angeordnet sind.

Die Verwendung der Log-Likelihood-Funktion ist hier ausreichend, da der Viterbi-Algorithmus[12] [136] nur bei komplexen HMMs einen Vorteil bezüglich der benötigten Rechenzeit bietet [117]. Die Tabellen 2.5 (Maischen), 2.6 (Gären), 2.7 (Joghurt) und 2.8 (Abwasser) zeigen die Funktionswerte der Log-Likelihood-Funktion für die Validierungssequenzen $o_{val} = (o_4 \ldots o_{10})$ für alle vier Prozesse.

Die Bestimmung der Funktionswerte der Log-Likelihood-Funktion der Evaluierungssequenzen zeigt deutlich, dass die ersten drei Sequenzen ausreichen, um die Hidden-Markov-Modelle hinreichend genau zu trainieren. Alle vier angelegten und trainierten Modelle waren in der Lage, den ihnen zugeordneten Prozess aus den vier Prozessen, mit denen die Validierung durchgeführt wurde, für alle sieben Evaluierungssequenzen zuverlässig zu erkennen. Dies äußert sich durch den maximalen Funktionswert, den die Log-Likelihood-Funktion für die entsprechende Evaluierungssequenz annimmt. Dieser maximale Funktionswert wird bei allen vier Hidden-Markov-Modellen mit den Sequenzen erreicht, die dem trainierten Prozess entsprechen.

---

[12] Der Viterbi-Algorithmus ist ein Algorithmus zur Bestimmung der zu einer beobachteten Sequenz o wahrscheinlichsten Sequenz von Zuständen S eines Hidden-Markov-Modells. Der Viterbi-Algorithmus findet weite Verbreitung in der Nachrichtentechnik (z.B. in der Fehlerkorrektur der Funksignale von Mobiltelefonen) oder in der Informatik (z.B. in der Spracherkennung oder in der Bioinformatik).

HMM - Maischen
Zyklus (Evaluierung)

Prozess	o_4	o_5	o_6	o_7	o_8	o_9	o_{10}
Maischen	0	0	0	0	0	0	0
Gären	$-\infty$	$-\infty$	$-\infty$	$-\infty$	$-\infty$	$-\infty$	$-\infty$
Joghurt	$-\infty$	$-\infty$	$-\infty$	$-\infty$	$-\infty$	$-\infty$	$-\infty$
Abwasser	$-\infty$	$-\infty$	$-\infty$	$-\infty$	$-\infty$	$-\infty$	$-\infty$

Tabelle 2.5: Ergebnisse des HMMs für Maischen: Werte der Log-Likelihood-Funktion $h_{o,\theta}$. Je größer der Wert der Log-Likelihood-Funktion, umso wahrscheinlicher passen der Prozess und das HMM zusammen. Die Evaluierungssequenzen $o_4 \ldots o_{10}$ besitzen für die Prozesse Gären, Joghurt und Abwasser einen Funktionswert von $-\infty$ und passen daher nicht zum für den Prozess Maischen angelegten HMM. Die Sequenzen des Prozesses Maischen besitzen einen Funktionswert von 0, dem maximalen Funktionswert, den die Log-Likelihood-Funktion annehmen kann. Demnach passt das für den Prozess Maischen angelegte HMM am besten zu den vorliegenden Sequenzen. Damit lassen sich die Sequenzen eindeutig dem Prozess Maischen zuordnen.

Die Log-Likelihood-Funktion nimmt im Fall der Hidden-Markov-Modelle für Maischen und Joghurt bei den diesen Prozessen entsprechenden Evaluierungssequenzen den Funktionswert 0 an, für die Evaluierungssequenzen der anderen Prozesse den Funktionswert $-\infty$. Das bedeutet, dass die Prozesse Maischen und Joghurt mit der Wahrscheinlichkeit $P=1$ erkannt wurden, die anderen Prozesse werden mit der Wahrscheinlichkeit $P=0$ erkannt, d.h. ausgeschlossen. Die Log-Likelihood-Funktion nimmt im Fall der Hidden-Markov-Modelle für Gären und Abwasser für die entsprechenden Evaluierungssequenzen Funktionswerte kleiner 0 an. Damit können diese Sequenzen nicht mit voller Wahrscheinlichkeit dem Hidden-Markov-Modell zugeordnet werden, wobei der genannte Umstand aus dem Training resultiert. In Abb. 2.12 ist erkennbar, dass die Hidden-Markov-Modelle für Gären und Abwasser beim Training gegen den glei-

HMM - Gären

Zyklus (Evaluierung)

Prozess	o_4	o_5	o_6	o_7	o_8	o_9	o_{10}
Maischen	$-\infty$	$-\infty$	$-\infty$	$-\infty$	$-\infty$	$-\infty$	$-\infty$
Gären	-1,38	-1,38	-1,38	-1,38	-1,38	-1,38	-1,38
Joghurt	$-\infty$	$-\infty$	$-\infty$	$-\infty$	$-\infty$	$-\infty$	$-\infty$
Abwasser	$-\infty$	$-\infty$	$-\infty$	$-\infty$	$-\infty$	$-\infty$	$-\infty$

Tabelle 2.6: Ergebnisse des HMMs für Gären: Werte der Log-Likelihood-Funktion $h_{o,\theta}$. Je größer der Wert der Log-Likelihood-Funktion, umso wahrscheinlicher passen der Prozess und das HMM zusammen. Die Evaluierungssequenzen $o_4 \ldots o_{10}$ besitzen für die Prozesse Maischen, Joghurt und Abwasser einen Funktionswert von $-\infty$ und passen daher nicht zum für den Prozess Gären angelegten HMM. Die Sequenzen des Prozesses Gären besitzen einen Funktionswert von -1,38. Demnach passt das für den Prozess Gären angelegte HMM am besten zu den vorliegenden Sequenzen. Damit lassen sich die Sequenzen dem Prozess Gären zuordnen.

chen Funktionswert der Log-Likelihood-Funktion konvergieren und das Lernverfahren aus diesem Grund beendet wurde. Dieses Beispiel zeigt den Einfluss der Güte des Trainingsverfahrens auf die Evaluierung mit den Modellen unbekannten Sequenzen. Die Evaluierungssequenzen der den Modellen nicht entsprechenden Prozesse werden jedoch anhand des Funktionswerts der Log-Likelihood-Funktion von $-\infty$ ausgeschlossen.

Dem Verfahren zur Identifikation des Prozesses liegt zur Erhöhung der Robustheit die Annahme zugrunde, dass alle Störungen, die während der Lebensdauer des Sensors auftreten können und die Funktionsfähigkeit nicht grundlegend beeinflussen, bereits im Lernprozess berücksichtigt wurden. Deswegen wird trotz des größer werdenden Einflusses von Störungen auf den Messwert (s. Abschnitt 2.4) der Prozess zuverlässig erkannt.

Wird das Lernverfahren durchgeführt, ohne diese Störungen zu berücksichtigen, kann nur bei Prozessen mit grundlegend verschiedenen und

HMM - Joghurt
Zyklus (Evaluierung)

Prozess	o_4	o_5	o_6	o_7	o_8	o_9	o_{10}
Maischen	$-\infty$	$-\infty$	$-\infty$	$-\infty$	$-\infty$	$-\infty$	$-\infty$
Gären	$-\infty$	$-\infty$	$-\infty$	$-\infty$	$-\infty$	$-\infty$	$-\infty$
Joghurt	0	0	0	0	0	0	0
Abwasser	$-\infty$	$-\infty$	$-\infty$	$-\infty$	$-\infty$	$-\infty$	$-\infty$

Tabelle 2.7: Ergebnisse des HMMs für Joghurt: Werte der Log-Likelihood-Funktion $h_{o,\theta}$. Die Evaluierungssequenzen $o_4 \ldots o_{10}$ besitzen für die Prozesse Maischen, Gären und Abwasser einen Funktionswert von $-\infty$ und passen daher nicht zum für den Prozess Joghurt angelegten HMM. Die Sequenzen des Prozesses Joghurt besitzen einen Funktionswert von 0. Demnach passt das für den Prozess Joghurt angelegte HMM am besten zu den vorliegenden Sequenzen. Damit lassen sich die Sequenzen dem Prozess Joghurt zuordnen.

klar abgegrenzten Prozessschritten davon ausgegangen werden, dass der Prozess richtig erkannt wird. Bei solchen Prozessen mit grundlegend verschiedenen und klar abgegrenzten Prozessschritten liegen die Clusterzentren ausreichend weit auseinander, sodass auch im Fall von nicht zu großen Störungen die Zuordnung zu einem Clusterzentrum klar erfolgen kann. Somit können sich auch so Sequenzen ergeben, die sich ihrer Ähnlichkeit nach der Log-Likelihood-Funktion dem zutreffenden HMM zuordnen lassen.

Unbekannte Prozesse lassen sich mit Hilfe des Verfahrens ebenfalls erkennen. Hierfür kann eine Schwelle für den Funktionswert der Log-Likelihood-Funktion eingeführt werden. Dieser Schwellwert muss in weiterführenden Arbeiten mit Hilfe einer umfangreichen Datenbasis ermittelt werden.

Wird der gewählte Schwellwert für jeden angelernten Prozess unterschritten, gilt der Prozess, der identifiziert werden soll, als unbekannt. Nähere

HMM - Abwasser
Zyklus (Evaluierung)

Prozess	o_4	o_5	o_6	o_7	o_8	o_9	o_{10}
Maischen	$-\infty$	$-\infty$	$-\infty$	$-\infty$	$-\infty$	$-\infty$	$-\infty$
Gären	$-\infty$	$-\infty$	$-\infty$	$-\infty$	$-\infty$	$-\infty$	$-\infty$
Joghurt	$-\infty$	$-\infty$	$-\infty$	$-\infty$	$-\infty$	$-\infty$	$-\infty$
Abwasser	-1,38	-1,38	-1,38	-1,38	-1,38	-1,38	-1,38

Tabelle 2.8: Ergebnisse des HMMs für Abwasser: Werte der Log-Likelihood-Funktion $h_{o,\theta}$. Die Evaluierungssequenzen $o_4 \dots o_{10}$ besitzen für die Prozesse Maischen, Gären und Joghurt einen Funktionswert von $-\infty$ und passen daher nicht zum für den Prozess Abwasser angelegten HMM. Die Sequenzen des Prozesses Abwasser besitzen einen Funktionswert von -1,38. Demnach passt das für den Prozess Abwasser angelegte HMM am besten zu den vorliegenden Sequenzen. Damit lassen sich die Sequenzen dem Prozess Abwasser zuordnen.

Aussagen über einen unbekannten Prozess können jedoch nicht getroffen werden.

Mit der Erkennung des Prozesses und der daraus resultierenden Information können Basiskalibrierintervalle bestimmt und entsprechend des aktuellen Zustands des Sensors adaptiert werden.

2.6 Bestimmung und Anpassung von Kalibrierintervallen

In diesem Abschnitt wird ein neues Verfahren zur Bestimmung von Kalibrierintervallen beschrieben. Im ersten Teil (Abschnitt 2.6.1) wird gezeigt, wie aus den Prozessinformationen Basiskalibrierintervalle abgeleitet werden können. Abschnitt 2.6.2 demonstriert das Verfahren zur Bestimmung der Lebensdauer eines elektrochemischen Sensors am Beispiel von pH-Glaselektroden. Abschnitt 2.6.3 zeigt, wie das Basiskalibrierintervall unter Zuhilfenahme von Anwenderwissen und unter Berücksichtigung von Alterungserscheinungen angepasst werden kann.

2.6.1 Bestimmung von Basiskalibrierintervallen

Die Bestimmung von Basiskalibrierintervallen zu einem Prozess muss vor dem Einsatz des Sensors im Prozess erfolgen. Hierfür ist die Nutzung von Erfahrungswissen nötig. Dieses Erfahrungswissen muss eine Zuordnung von einem Prozess zu einem typischen geeigneten Basiskalibrierintervall umfassen. Dabei stellt das Basiskalibrierintervall die Genauigkeit des Messwerts des Sensors bis zum Ablauf des Intervalls sicher. Die erforderliche Genauigkeit des Messwerts ist dabei prozessabhängig. Wird für sensitive Prozesse, wie Produktionsprozesse in der Chemie-, Pharma- oder Lebensmittelindustrie, eine hohe Genauigkeit des Messwerts gefordert, ist beispielsweise für eine einfache Störungsüberwachung industriellen Abwassers eine wesentlich geringere Genauigkeit erforderlich. Damit kann die Verlängerung des Kalibrierintervalls im Prozess Abwasser großzügiger gehandhabt werden als im Prozess Maischen. Da in der Literatur keine Informationen über typische Kalibrierintervalle in bestimmten Prozessen auffindbar sind, müssen für das weitere Vorgehen diese in Tabelle 2.9 willkürlich festgelegten Kalibrierintervalle verwendet werden. Für die Längen der Kalibrierintervalle wurde für die Prozesse Maischen, Gären und Joghurt die Dauer eines Prozessablaufs zu Grunde gelegt. Für die Überwachung der Qualität von Abwasser wurde ein Kalibrierintervall von einer Woche angenommen. Tabelle 2.9 enthält nur Kalibrierintervalle der vier bekannten Prozesse.

Welche der beiden genannten Alternativen für die Anwendung besser geeignet ist, lässt sich mit den zur Verfügung stehenden Daten nicht sagen. Deswegen müssen vor dem Einsatz in einem realen Sensorsystem umfangreiche Versuche stattfinden, bei denen die Auswirkungen nicht prozesstypischer Kalibrierintervalle (wie beispielsweise ein Sicherheitskalibrierintervall, das der minimalen Einsatzzeit zwischen zwei Kalibrierungen entspricht) verwendet werden. Ebenso müssen die Auswirkungen der Verwendung von Kalibrierintervallen überprüft und charakterisiert

Prozess	t_{cal}[h]
Maischen	6,4
Gären	144,0
Joghurt	9,2
Abwasser	168,0

Tabelle 2.9: Basiskalibrierintervalle für die in den Benchmarkdatensätzen repräsentierten Prozesse. Es wurde als Basiskalibrierintervall jeweils die Länge eines Prozessdurchlaufs zu Grunde gelegt.

werden, die aus einem im Sinne der Log-Likelihood-Funktion ähnlichen Prozess resultieren.

2.6.2 Bestimmung der Lebensdauer

Ziel eines Verfahrens zur Bestimmung der Lebensdauer ist es, dem Benutzer einen möglichst zuverlässigen Wert für die Lebensdauer und damit für den Ausfallzeitpunkt eines Sensors zu geben. Ein weiteres Ziel ist es, Diagnoseinformationen zu generieren, die sich nicht direkt aus der Kalibrierung ergeben. Beispielsweise können als zusätzliche Diagnoseinformationen Abweichungen eines Kalibrierparameters von einer Regressionskurve verwendet werden. Eine Regressionskurve i-ter Ordnung ergibt sich aus der Beziehung eines Kalibrierparameters, beispielsweise des Nullpunkts $z_{k,1}$, zu einem Kalibrierzeitpunkt k_{Diag}

$$z_{k,1}[k_{\text{Diag}}] = c_0 + c_1 \cdot k_{\text{Diag}} + c_2 \cdot k_{\text{Diag}}^2 + \ldots + c_i \cdot k_{\text{Diag}}^i \qquad (2.60)$$

Um die Parameter $\mathbf{c} = (c_0, c_1, \ldots, c_i)^T$ zum aktuellen Kalibrierzeitpunkt zu erhalten, wird die Methode der kleinsten Fehlerquadrate angewendet. Hiermit können die unbekannten Parameter geschätzt werden. Dafür wird Gl. (2.60) für alle Kalibrierzeitpunkte in Vektorschreibweise umgeschrieben:

$$\mathbf{z_{k,1}} = \mathbf{F} \cdot \mathbf{c} \tag{2.61}$$

$$\begin{pmatrix} z_{k,1}[k_{Diag} = 1] \\ \vdots \\ z_{k,1}[k_{Diag} = K_{Diag}] \end{pmatrix} = \begin{pmatrix} 1 & k_{Diag} = 1 & \cdots & k^i_{Diag} = 1 \\ \vdots & \vdots & \ddots & \vdots \\ 1 & k_{Diag} = K_{Diag} & \cdots & k^i_{Diag} = K^i_{Diag} \end{pmatrix} \cdot \begin{pmatrix} c_0 \\ c_1 \\ \vdots \\ c_i \end{pmatrix} \tag{2.62}$$

Für die Schätzung $\hat{\mathbf{c}}$ des Parametervektors $\mathbf{c}$ ergibt sich

$$\hat{\mathbf{c}} = (\mathbf{F}^T\mathbf{F})^{-1}\mathbf{F}^T \cdot \mathbf{z_{k,1}}. \tag{2.63}$$

Mit diesen Parametern ist es möglich, den weiteren Verlauf des Kalibrierparameters zu schätzen. Für den Kalibrierparameter Nullpunkt wurde diese Schätzung für Kurven erster bis dritter Ordnung durchgeführt. Die grafischen Ergebnisse dieser Regressionskurven sind aus Abb. 2.13 und 2.14 ersichtlich.

Der weitere Verlauf des Kalibrierparameters $z_{k,1}$ kann mit den in Gl. (2.63) geschätzten Parametern berechnet werden. Das Problem der Bestimmung des Kalibrierzeitpunkts $k_{Diag,ex}$, zu dem der Sensor ausgetauscht werden sollte, kann für Regressionskurven erster bis dritter Ordnung geschlossen gelöst werden. Zum Vergleich mit einem numerischen Verfahren wurde ebenso das Näherungsverfahren nach NEWTON, der Standardmethode zur Lösung nichtlinearer numerischer Gleichungen, angewendet.

Geschlossene Lösung Die Bestimmung des Kalibrierzeitpunkts, zu dem der Sensor ausgetauscht werden sollte, erfolgt abhängig von der Ordnung der gewählten Regressionskurve. Für Regressionskurven erster Ordnung ergibt sich der Kalibrierzeitpunkt $k_{Diag,ex,1}$ zu

$$k_{Diag,ex,1} = \frac{z_{k,1,ex} - c_0}{c_1}. \tag{2.64}$$

Die Ausfallgrenze des Kalibrierparameters Nullpunkt $z_{k,1,ex}$ bezeichnet den Wert, den der Kalibrierparameter Nullpunkt noch annehmen darf,

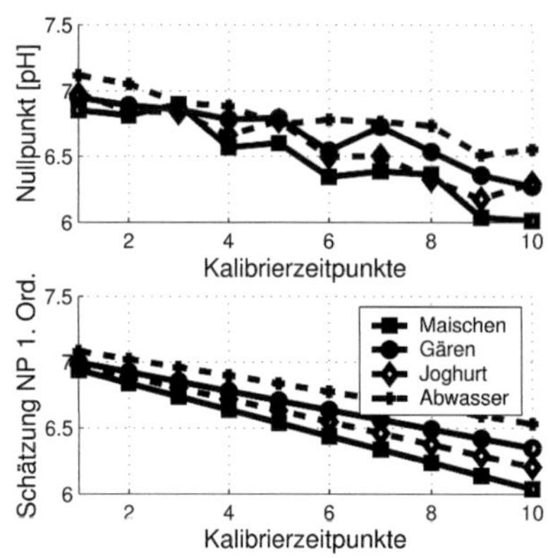

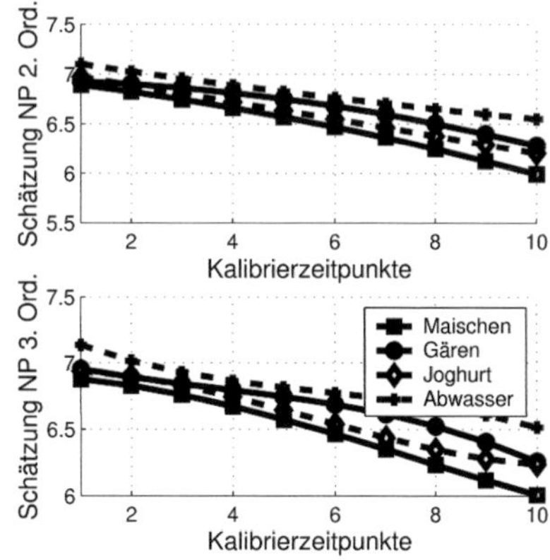

(a) Vergleich der Originaldaten mit einer Schätzung erster Ordnung für Benchmarkdatensatz BM_1

(b) Vergleich der Schätzung zweiter und dritter Ordnung für Benchmarkdatensatz BM_1

Abbildung 2.13: Vergleich der Schätzungen der Kalibrierdaten von Benchmarkdatensatz BM_1. Links oben sind die Originaldaten dargestellt, links unten die Schätzung erster Ordnung. Rechts oben ist die Schätzung zweiter Ordnung illustriert, rechts unten die Schätzung dritter Ordnung.

ohne dass die pH-Glaselektrode als defekt gilt. Sinkt der Kalibrierparameter Nullpunkt unter die Ausfallgrenze, gelten die Messwerte des Prozessparameters $z_{p,1}$, des pH-Werts, als ungenau. Für Regressionskurven zweiter Ordnung gibt es zwei Lösungen

$$k_{Diag,ex,2,1} = -\frac{c_1}{c_2} + \sqrt{\left(\frac{c_1}{2c_2}\right)^2 - \left(\frac{c_0 - z_{k,1,ex}}{c_2}\right)} \qquad (2.65)$$

bzw.

$$k_{Diag,ex,2,2} = -\frac{c_1}{c_2} - \sqrt{\left(\frac{c_1}{2c_2}\right)^2 - \left(\frac{c_0 - z_{k,1,ex}}{c_2}\right)}. \qquad (2.66)$$

Im Falle von Regressionskurven dritter Ordnung kann der Kalibrierzeitpunkt, zu dem der Sensor ausgetauscht werden soll, mit Hilfe der Carda-

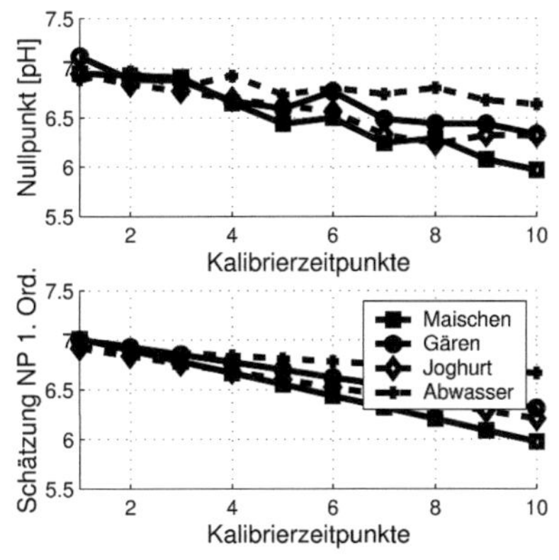

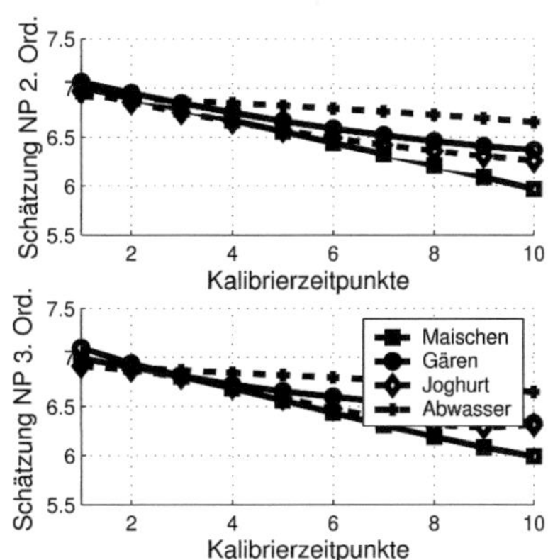

(a) Vergleich der Originaldaten mit einer Schätzung erster Ordnung für Benchmarkdatensatz BM_2

(b) Vergleich der Schätzung zweiter und dritter Ordnung für Benchmarkdatensatz BM_2

Abbildung 2.14: Vergleich der Schätzungen der Kalibrierdaten von Benchmarkdatensatz BM_2. Links oben sind die Originaldaten dargestellt, links unten die Schätzung erster Ordnung. Rechts oben ist die Schätzung zweiter Ordnung illustriert, rechts unten die Schätzung dritter Ordnung.

nischen Formeln [26] berechnet werden. Zur geschlossenen Lösung muss die Gleichung dritter Ordnung

$$z_{k,1}[k_{\text{Diag}}] = c_0 + c_1 \cdot k_{\text{Diag}} + c_2 \cdot k_{\text{Diag}}^2 + c_3 \cdot k_{\text{Diag}}^3 \tag{2.67}$$

in eine reduzierte Form

$$z_{k,1}[k_{\text{Diag}}] = k_{\text{Diag}}^3 + c_p k_{\text{Diag}} + c_q \tag{2.68}$$

mit

$$c_p = \frac{c_1}{c_3} - \frac{1}{3}\left(\frac{c_2}{c_3}\right)^2 \tag{2.69}$$

$$c_q = \frac{2}{27} \cdot \left(\frac{c_2}{c_3}\right)^3 - \frac{1}{3}\left(\frac{c_2}{c_3} \cdot \frac{c_1}{c_3}\right) + \frac{c_0 - z_{k,1,ex}}{c_3} \tag{2.70}$$

umgeschrieben werden. Allgemein gibt es drei Lösungen. Zur Fallunterscheidung dient die Diskriminante $D_C = \left(\frac{c_q}{2}\right)^2 + \left(\frac{c_p}{3}\right)^3$.
Für den Fall $D_C = 0$ gilt:

$$k_{Diag,ex,3,1} = 3\frac{c_q}{c_p}, \tag{2.71}$$

$$k_{Diag,ex,3,2} = k_{Diag,ex,3,3} = -\frac{3}{2}\frac{c_q}{c_p}. \tag{2.72}$$

Für $D_C < 0$ gilt

$$k_{Diag,ex,3,1} = \sqrt{-\frac{4}{3}c_p}\cos\left(\frac{1}{3}\arccos\left(-\frac{9}{2}\sqrt{-\frac{27}{c_p^3}}\right)\right), \tag{2.73}$$

$$k_{Diag,ex,3,2} = -\sqrt{-\frac{4}{3}c_p}\cos\left(\frac{1}{3}\arccos\left(-\frac{9}{2}\sqrt{-\frac{27}{c_p^3}}\right) + \frac{\pi}{3}\right), \tag{2.74}$$

$$k_{Diag,ex,3,3} = -\sqrt{-\frac{4}{3}c_p}\cos\left(\frac{1}{3}\arccos\left(-\frac{9}{2}\sqrt{-\frac{27}{c_p^3}}\right) - \frac{\pi}{3}\right) \tag{2.75}$$

und für $D_C > 0$

$$k_{Diag,ex,3,1} = \sqrt[3]{-\frac{c_q}{2} + \sqrt{\left(\frac{c_q}{2}\right)^2 + \left(\frac{c_p}{3}\right)^3}} + \sqrt[3]{-\frac{c_q}{2} - \sqrt{\left(\frac{c_q}{2}\right)^2 + \left(\frac{c_p}{3}\right)^3}}, \tag{2.76}$$

$$\begin{aligned} k_{Diag,ex,3,2} = &-\frac{1}{2}\sqrt[3]{-\frac{c_q}{2} + \sqrt{\left(\frac{c_q}{2}\right)^2 + \left(\frac{c_p}{3}\right)^3}} \\ &+ \frac{1}{2}\sqrt[3]{-\frac{c_q}{2} - \sqrt{\left(\frac{c_q}{2}\right)^2 + \left(\frac{c_p}{3}\right)^3}}\sqrt{3}i, \end{aligned} \tag{2.77}$$

$$\begin{aligned} k_{Diag,ex,3,3} = &-\frac{1}{2}\sqrt[3]{-\frac{c_q}{2} + \sqrt{\left(\frac{c_q}{2}\right)^2 + \left(\frac{c_p}{3}\right)^3}} \\ &- \frac{1}{2}\sqrt[3]{-\frac{c_q}{2} - \sqrt{\left(\frac{c_q}{2}\right)^2 + \left(\frac{c_p}{3}\right)^3}}\sqrt{3}i. \end{aligned} \tag{2.78}$$

Die Ergebnisse der geschlossenen Ermittlung der Ausfallzeitpunkte sind in Tabelle 2.10 aufgeführt. Deutlich erkennbar ist, dass geschlossen mehrfach komplexe Lösungen (—) bestimmt wurden. Komplexe Lösungen können dem Anwender so nicht dargestellt werden, da sie nicht anschaulich und auch nicht interpretierbar sind. Die Ausfallzeitpunkte, die ermittelt werden konnten, stimmen weitestgehend für beide Benchmarkdatensätze überein. Lediglich die Ergebnisse für $k_{Diag,ex,1}$ des Prozesses Abwasser weichen zwischen BM_1 (26,89) und BM_2 (50,21) deutlich voneinander ab. Grund hierfür ist der Verlauf des Kalibrierparameters Nullpunkt $z_{c,1}$, der in BM_2 deutlich über dem Verlauf des Kalibrierparameters Nullpunkt in BM_1 liegt (s. dazu Abb. 2.13(a) oben bzw. Abb. 2.14(a) oben).

Prozess	$z_{k,1,ex}$	Benchmarkdatensatz BM_1			Benchmarkdatensatz BM_2		
		$k_{Diag,ex,1}$	$k_{Diag,ex,2}$	$k_{Diag,ex,3}$	$k_{Diag,ex,1}$	$k_{Diag,ex,2}$	$k_{Diag,ex,3}$
Maischen	5,9	11,38	10,67	11,74	10,65	10,58	14,17
Gären	5,8	17,63	13,41	—	16,67	—	—
Joghurt	5,7	15,89	15,63	—	16,45	—	—
Abwasser	5,5	26,89	—	—	50,21	29,13	—

Tabelle 2.10: Ergebnisse der Regression für beide Benchmarkdatensätze BM_1 und BM_2 mit Hilfe der geschlossenen Lösung. Für — wurden komplexe Lösungen ermittelt.

Numerische Lösung Grundlage des NEWTON-Verfahrens ist es, die nichtlineare Gleichung in einem Arbeitspunkt zu linearisieren und die Tangente an diese Kurve im Arbeitspunkt zu berechnen. Die Nullstelle der Tangente wird als Näherung der Nullstelle der Kurve betrachtet. Durch mehrfache Iteration dieses Prozesses wird die Genauigkeit der Schätzung der Nullstelle verbessert.

Nach SIMPSON gilt für das NEWTON-Verfahren die Iterationsvorschrift

$$\hat{k}_{\mathrm{Diag,ex}}[i+1] = \hat{k}_{\mathrm{Diag,ex}}[i] - \frac{z_{k,1}}{z'_{k,1}}, \tag{2.79}$$

mit

$$z_{k,1}[k_{\text{Diag}}] = c_0 + c_1 \cdot k_{Diag} + c_2 \cdot k_{Diag}^2 + \ldots + c_i \cdot k_{Diag}^i, \quad (2.80)$$

$$z_{k,1}'[k_{\text{Diag}}] = c_1 + 2 \cdot c_2 \cdot k_{Diag} + \ldots + i \cdot c_i \cdot k_{Diag}^{i-1}. \quad (2.81)$$

Da für numerische Verfahren eine möglichst genaue Vorgabe des Anfangsparameters $k_{\text{Diag,ex}}$ wichtig ist, um eine genaue Schätzung bei möglichst geringer Iterationszahl zu erhalten, wird der Anfangsparameter willkürlich auf $k_{\text{Diag,ex}}{=}13$ gesetzt. Die Ergebnisse für das Newton-Verfahren in der Form von Simpson mit fünf Iterationen sind für die entsprechenden Ausfallgrenzen $z_{k,1,ex}$, die den Regressionskurven $z_{k,1}$ gleichgesetzt wurden, in Tabelle 2.11 zusammengestellt. Das Verfahren wurde für beide Datensätze mit Gleichungen erster, zweiter und dritter Ordnung durchgeführt.

Auffällig ist, dass für beide Datensätze mittels eines Polynoms dritten Grades keine Ausfallzeitpunkte für den Prozess Joghurt bestimmt werden konnten. Der gesamte Verlauf des Kalibrierparameters Nullpunkt führt im Fall des Prozesses Joghurt dazu, dass die Steigung der geschätzten Regressionskurve dritter Ordnung nach Kalibrierzeitpunkt $k_{\text{Diag}}{=}8$ positiv wird. Dieser Verlauf entspricht nicht dem grundsätzlichen Verlauf der Originaldaten nach Gl. 2.8, sondern ist auf die Zufallszahl $w_{c,1}$ zurückzuführen. Somit wird die Ausfallgrenze $z_{k,1,ex}$ durch die Regressionskurve nicht unterschritten. Auch liegen die Ergebnisse der Regressionsverfahren teilweise deutlich auseinander, wie beispielsweise in Tabelle 2.11 für den Prozess Abwasser. Hier wurde der Ausfallzeitpunkt mit einer Regressionskurve erster Ordnung zu 26,89, für eine Regressionskurve zweiter Ordnung zu 17,10 und für eine Regressionskurve dritter Ordnung zu 14,74 geschätzt.

Diese Ergebnisse können mit dem Verlauf der erzeugten Benchmarkdatensätze erklärt werden. Liegen durch die Addition der Zufallszahl $w_{c,1}$ bei der Erstellung des Benchmarkdatensatzes zu Beginn mehrere Punkte unterhalb der idealen Geraden, führt dieser Umstand für eine Regressionskurve erster Ordnung zu einer deutlichen Verlängerung bzw. Verschiebung des geschätzten Ausfallzeitpunkts in Richtung größerer $k_{\text{Diag,ex}}$. Verfahren zweiter und dritter Ordnung hingegen sind in der Lage, sich

Prozess	$z_{k,1,ex}$	Benchmarkdatensatz BM_1			Benchmarkdatensatz BM_2		
		$k_{Diag,ex,1}$	$k_{Diag,ex,2}$	$k_{Diag,ex,3}$	$k_{Diag,ex,1}$	$k_{Diag,ex,2}$	$k_{Diag,ex,3}$
Maischen	5,9	11,39	10,68	11,08	10,66	10,58	14,24
Gären	5,8	17,63	13,42	12,18	16,67	8,93	13,07
Joghurt	5,7	15,90	15,64	—	16,45	58,17	—
Abwasser	5,5	26,89	17,10	14,74	50,20	29,13	19,70

Tabelle 2.11: Ergebnisse der Regression für beide Benchmarkdatensätze BM_1 und BM_2 mit Hilfe des numerischen Verfahrens. Für — konnte keine Lösung ermittelt werden.

an den gesamten Verlauf stärker anzupassen, sodass sich die Schätzung zu Gunsten kleinerer $k_{Diag,ex}$ verschiebt.

Beim Vergleich der Verfahren zur Bestimmung der geschätzten Ausfallzeitpunkte muss berücksichtigt werden, dass es sich in um vergleichsweise kurze Kalibrierzeitreihen mit je zehn Kalibrierzeitpunkten handelt, sodass die weiteren Verläufe zu einer Verbesserung der Sicherheit der geschätzten Ausfallzeitpunkte führen werden.
Werden analytische und numerische Lösung gegenübergestellt, fällt auf, dass das numerische Verfahren dem analytischen von der Verwertbarkeit bzw. von der Darstellbarkeit der Ergebnisse gegenüber dem Anwender überlegen ist. Zur weiteren Ermittlung der Ausfallzeitpunkte wird daher zur Steigerung der Robustheit und zur Sicherstellung nachvollziehbarer Ergebnisse das numerische Verfahren mit Regressionskurven zweiter Ordnung verwendet.

2.6.3 Konzept zur Adaption der Kalibrierintervalle

Zur Beeinflussung und zum Anpassen der in Abschnitt 2.6.1 bestimmten Basiskalibrierintervalle werden linguistische Fuzzy-Systeme [72, 144] verwendet.
Das Prinzip linguistischer Fuzzy-Systeme bzw. der Fuzzy-Wissensverarbeitung (s. Abb. 2.15) besteht darin, Regeln in natürlicher Sprache zu verwenden, um die Zusammenhänge zwischen Eingangs-

und Ausgangsgrößen eines Systems zu beschreiben. Die Besonderheit linguistischer Fuzzy-Systeme besteht darin, nicht nur Aussagen im Sinne der klassischen Logik mit *Ja* oder *Nein* zuzulassen, sondern auch unscharfe Aussagen zu verarbeiten. Dies bedeutet, dass auch Aussagen mit teilweiser Erfüllung verwendet werden können. Die Eingangs- und Ausgangsgrößen, die linguistischen Variablen, werden durch linguistische Terme beschrieben. Eingangs- und Ausgangsgrößen werden durch ihre Zugehörigkeitsfunktionen mit den linguistischen Termen verknüpft. Linguistische Fuzzy-Systeme kommen hier zum Einsatz, da sich mit ihnen Benutzerwissen, welches in der Form natürlicher Sprache vorhanden ist, in der Form von Fuzzy-Regeln hinterlegen lässt. Dieses Wissen muss verwendet werden, da eine direkte Klassifikation des Sensorzustands aus den Kalibrierdaten [49] noch keine zufriedenstellenden Ergebnisse liefert. Ein weiterer Vorteil des Einsatzes linguistischer Fuzzy-Systeme zur Adaption der Kalibrierintervalle besteht darin, dass Ergebnisse einer Klassifikation nach [49] direkt interpretierbar werden. Die direkte Interpretierbarkeit der Verfahren führt zu einer verbesserten Akzeptanz unter den Anwendern.

Die Eignung linguistischer Fuzzy-Systeme ergibt sich aus dem Wissen, über welches die Benutzer elektrochemischer Sensoren verfügen. Dieses Wissen wurde oftmals durch langjährige Erfahrung erworben.

Repräsentiert wird es in linguistischen Fuzzy-Regeln R_r nach [4, 14, 72, 75, 144] der Form

$$R_r : \text{WENN} \quad \underbrace{x_1 = A_{1,R_r}}_{\text{Teilprämisse } V_{r1}} \quad \text{UND} \ldots \text{UND} \quad \underbrace{x_S = A_{S,R_r}}_{\text{Teilprämisse } V_{rS}} \quad \text{DANN } y = C_r.$$

$$(2.82)$$

Die x_s enthalten hier sowohl die Prozessinformation als auch den aktuellen Zustand des Sensorsystems. Dieser wird während einer Kalibrierung aus den Kalibrierparametern und daraus abgeleiteten Größen bestimmt. Abgeleitete Größen können beispielsweise die Abweichung der Kalibrierparameter, deren Einsatzgrenze prozessspezifisch ist, von deren Regressionskurve sein. Die Regressionskurve erlaubt, wie in Abschnitt 2.6.2 be-

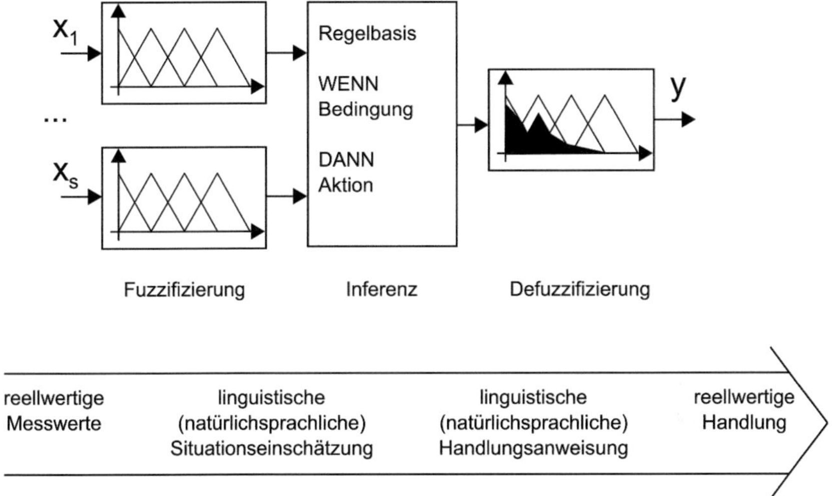

Abbildung 2.15: Prinzip der Fuzzy-Wissensverarbeitung (aus [96])

schrieben, eine Prädiktion der Lebensdauer der pH-Glaselektrode im Prozess.

Bei der Beeinflussung der Basiskalibrierintervalle mit Hilfe von linguistischen Fuzzy-Systemen müssen die folgenden Aufgaben in der genannten Reihenfolge erfüllt werden:

Fuzzifizierung Unter Fuzzifizierung wird die Umwandlung der generierten numerischen Diagnoseparameter in Terme natürlicher Sprache verstanden.

Die Fuzzy-Menge A wird durch eine Zugehörigkeitsfunktion $\mu_A(x)$ beschrieben, die Werte zwischen Null und Eins annehmen kann. Diese Wahrheitswerte beschreiben die Zugehörigkeit eines numerischen Werts eines Diagnoseparameters zu einer linguistischen Aussage A über diesen Diagnoseparameter. Jeder Eingangsgröße x_l des Fuzzy-Systems werden linguistische Fuzzy-Mengen $A_{l,i}$ mit $i = 1, \ldots, m_l$ zugeordnet, die eine Repräsentation in natürlicher Sprache darstellen. Jeder linguistische

Term besitzt eine Zugehörigkeitsfunktion $\mu_{A_{l,i}}(x_l)$, wobei die Bedingung $\max_{x_l} \mu_{A_{l,i}}(x_l) = 1$ gelten muss.

In der Literatur [72, 96] sind verschiedene Formen von Zugehörigkeitsfunktionen beschrieben, wobei in dieser Arbeit für die linguistischen Terme an den Rändern der zu fuzzifizierenden numerischen Eingangsgröße trapezförmige Zugehörigkeitsfunktionen verwendet wurden. Für die linguistischen Terme in der Mitte der zu fuzzifizierenden Eingangsgrößen kommen dreieckförmige Zugehörigkeitsfunktionen zum Einsatz. Die Zugehörigkeitsfunktionen für die beiden verwendeten Diagnoseparameter sind in Abb. 2.16 dargestellt. Aus Abb. 2.16(a) ist die Zugehörigkeitsfunktion für den Diagnoseparameter Abweichung des Nullpunkts $z_{d,1}$ ersichtlich. Die Abweichung des Nullpunkts bestimmt sich nach dem Betrag der Differenz zwischen der Regressionskurve zweiter Ordnung $z_{k,1}$ und dem tatsächlich gemessenen Diagnoseparameter Nullpunkt $z_{c,1}$ nach $z_{d,1}[k_{\mathrm{Diag}}] = |z_{k,1}[k_{\mathrm{Diag}}] - z_{c,1}[k_{\mathrm{Diag}}]|$. Abb. 2.16(b) zeigt die Zugehörigkeitsfunktion für den Diagnoseparameter Steigung $z_{d,2}$. Die Zugehörigkeit des linguistischen Terms Mittel (M) ist für den Fall, dass das NERNST-Potential genau erreicht wird, Eins. Eine Steigung, die gegenüber dem NERNST-Potential eine Abweichung von $1 \, \frac{\mathrm{mV}}{\mathrm{pH}}$ aufweist, wird mit einer Zugehörigkeit von Eins den linguistischen Termen Klein (K) bzw. Hoch (H) zugeordnet. Dabei sind die Dreieckfunktionen der beiden linguistischen Terme in Richtung der linguistischen Terme Sehr Klein (SK) bzw. Sehr Hoch (SH) geneigt, um bereits Abweichungen von $1{,}5 \, \frac{\mathrm{mV}}{\mathrm{pH}}$ den linguistischen Termen Sehr Klein (SK) bzw. Sehr Hoch (SH) mit einer Zugehörigkeit von Eins zuzuweisen.

Inferenz Inferenz beschreibt die Wechselwirkung der Terme in natürlicher Sprache miteinander unter Zuhilfenahme der hinterlegten Fuzzy-Regeln. Als Ergebnis werden Ausgangsgrößen in natürlicher Sprache erhalten.

Die Verknüpfung der fuzzifizierten Eingangsgrößen unter Zuhilfenahme der aufgestellten Regeln zu natürlichsprachigen Ausgangsgrößen wird als Inferenz bezeichnet. Die Regelbasis besteht aus $r = 1, \ldots, r_{max}$ Regeln vom in Gl. (2.82) beschriebenen Typ.

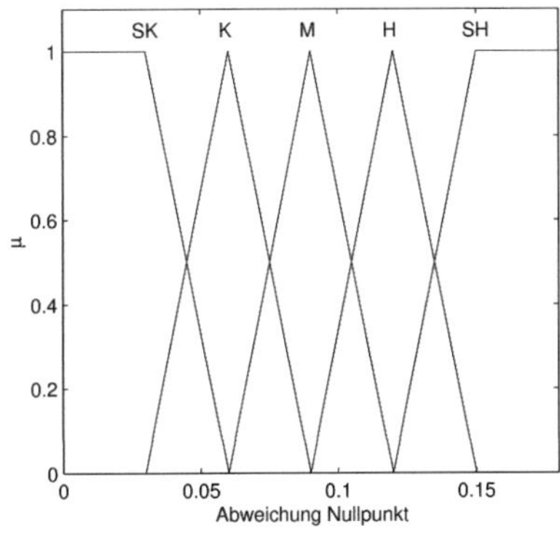

(a) Zugehörigkeitsfunktion für den zu fuzzifizierenden Diagnoseparameter *Abweichung des Nullpunkts*

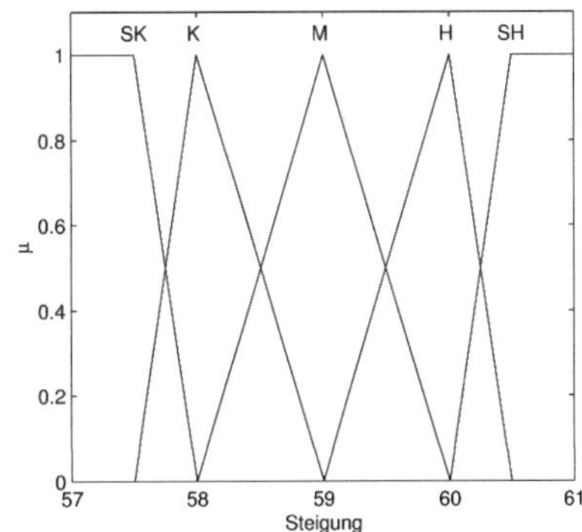

(b) Zugehörigkeitsfunktion für den zu fuzzifizierenden Diagnoseparameter *Steigung*

Abbildung 2.16: Zugehörigkeitsfunktionen für die zu fuzzifizierenden Diagnoseparameter

Diese Regeln sind vom Mamdani-Typ [96], da die Ausgangsgröße C_r linguistische Terme enthält. Diese Vorgehensweise ist sinnvoll, da die Diagnoseparameter über diese Regeln direkt die Länge der Kalibrierintervalle beeinflussen.

Im Rahmen der vorliegenden Arbeit zur Veranschaulichung selbst erstellte Beispiele für solche Regeln sind

$$\text{WENN } p = \text{Maischen UND } z_{d,1}[k_{Diag}] = \text{klein DANN } t_{cal} = \text{gross,} \tag{2.83}$$

$$\text{WENN } p = \text{Abwasser UND } z_{d,1}[k_{Diag}] = \text{sehr klein } \dots$$
$$\dots \text{ DANN } t_{cal} = \text{sehr gross.} \tag{2.84}$$

Bislang müssen die Regeln noch manuell aufgestellt werden, da ein datenbasierter Entwurf wegen zu geringer Datenmengen noch keine zufriedenstellenden Ergebnisse liefert. Aus Gl. (2.83) kann direkt abgelesen werden, dass bei einer kleinen Abweichung des Diagnoseparameters $z_{d,1}$ im Falle des Prozesses Maischen das Kalibrierintervall t_{cal} verlängert werden muss. Analog dazu kann aus Gl. (2.84) erkannt werden, dass eine sehr kleine Abweichung des Diagnoseparameters $z_{d,1}$ eine deutliche Verlängerung des für den jeweiligen Prozess typischen Basiskalibrierintervalls hervorruft.

Dieses neue Kalibrierintervall ist jedoch in keinem Fall kürzer oder länger als das für den Prozess kürzeste bzw. längste zulässige Kalibrierintervall. Die so erzeugten Regeln müssen miteinander verknüpft werden. Durch den Verknüpfungsoperator UND wird die T-Norm angewendet. Die Anwendung des *modus ponens*, der bei einer erfüllten Prämisse die Konklusion auslöst, führt zu folgenden Bedingungen:

1. Auswertung der Prämissen bzw. Aggregation

$$\mu_{V_r}(\mathbf{x}) = \bigcap_{l=1}^{s} \mu_{V_{rl}}(x_l) \tag{2.85}$$

mit $\mu_{V_{rl}}(x_l) = \bigcup_{i \text{ mit } A_{l,i} \in V_{lr}} \mu_{A_{l,i}}(x_l)$ und

2. Aktivierung

$$\mu_{C_r}(\mathbf{x}) = \mu_{V_r}(\mathbf{x}). \tag{2.86}$$

Bei Mamdani-Fuzzy-Systemen ergeben die Auswertung der Prämissen nach Gl. (2.85) und die Aktivierung nach Gl. (2.86) das Ergebnis der Inferenz [14, 75, 96].

Für die Benchmarkdatensätze wurden im Rahmen der vorliegenden Arbeit folgende prozessspezifische Regelbasen frei aufgestellt:

		$z_{d,1}$				
		SK	K	M	H	SH
	SK	SK	SK	K	SK	SK
	K	SK	M	H	M	SK
$z_{d,2}$	M	K	H	SH	H	K
	H	SK	M	H	M	SK
	SH	SK	SK	K	SK	SK

Tabelle 2.12: Regelbasis für den Prozess Maischen

		$z_{d,1}$				
		SK	K	M	H	SH
	SK	SK	SK	K	SK	SK
	K	SK	K	M	K	SK
$z_{d,2}$	M	K	M	H	M	K
	H	SK	K	M	K	SK
	SH	SK	SK	K	SK	SK

Tabelle 2.13: Regelbasis für den Prozess Gären

		$z_{d,1}$				
		SK	K	M	H	SH
	SK	SK	SK	K	SK	SK
	K	SK	K	M	K	SK
$z_{d,2}$	M	K	M	M	M	K
	H	SK	K	M	K	SK
	SH	SK	SK	K	SK	SK

Tabelle 2.14: Regelbasis für den Prozess Joghurt

		$z_{d,1}$				
		SK	K	M	H	SH
	SK	SK	K	M	K	SK
	K	K	H	SH	H	K
$z_{d,2}$	M	M	SH	SH	SH	M
	H	K	H	SH	H	K
	SH	SK	K	M	K	SK

Tabelle 2.15: Regelbasis für den Prozess Abwasser

mit den Abkürzungen SK (sehr klein), K (klein), M (mittel), H (hoch) und SH (sehr hoch). Als Diagnoseparameter $z_{d,1}$ wurde die Abweichung des Kalibrierparameters Nullpunkt von der Regressionskurve zweiter Ordnung einer pH-Glaselektrode, als Diagnoseparameter $z_{d,2}$ die während der Kalibrierung ermittelte Steigung verwendet. Die hier verwendeten Regelbasen sind alle symmetrisch. Die Symmetrie der Regelbasen ergibt sich einerseits aus der Definition des Diagnoseparameters $z_{d,1}$, mit der eine Abweichung von der Regressionskurve toleriert werden soll. Ebenfalls sollen beide Fälle, sowohl die Über- als auch die Unterschreitung der Regressionskurve gleich behandelt werden. Andererseits ergibt sich die Symmetrie aus dem Kalibrier- bzw. Diagnoseparameter Steigung $z_{d,2}$, der sich um das NERNST-Potential herum bewegen kann. In einer realen Implementierung können, falls die Anforderungen der betroffenen Anwender es notwendig machen, auch asymmetrische Regelbasen zum Einsatz kommen.

Beispiele für Regeln, die aus den Regelbasen resultieren, sind:

$$\text{WENN } p = \text{Maischen UND } z_{d,1}[k_{Diag}] = \text{Mittel UND } \dots$$
$$z_{d,2}[k_{Diag}] = \text{Hoch DANN } t_{cal} = \text{Hoch,} \tag{2.87}$$
$$\text{WENN } p = \text{Gären UND } z_{d,1}[k_{Diag}] = \text{Klein UND } \dots$$
$$z_{d,2}[k_{Diag}] = \text{Mittel DANN } t_{cal} = \text{Mittel,} \tag{2.88}$$

$$\text{WENN } p = \text{Joghurt UND } z_{d,1}[k_{Diag}] = \text{Sehr Hoch UND } \ldots$$
$$z_{d,2}[k_{Diag}] = \text{Klein DANN } t_{cal} = \text{Sehr Klein}, \tag{2.89}$$
$$\text{WENN } p = \text{Abwasser UND } z_{d,1}[k_{Diag}] = \text{Mittel UND } \ldots$$
$$z_{d,2}[k_{Diag}] = \text{Mittel DANN } t_{cal} = \text{Sehr Hoch}. \tag{2.90}$$

Defuzzifizierung Die Defuzzifizierung beschreibt die Umwandlung der Ausgangsgrößen von natürlicher Sprache in numerische Werte, die zur Beeinflussung der Basiskalibrierintervalle weiterverwendet werden.

Für die gewählten Mamdani-Fuzzy-Systeme wird zur Defuzzifizierung die Maximum-Methode

$$\hat{y} = \arg\max_{C_r} \mu_{C_r}(\mathbf{x}) \tag{2.91}$$

angewendet. Die Maximum-Defuzzifizierung bietet den Vorteil, dass nur die Regel berücksichtigt wird, die bei vorgegebenen Eingangsgrößen den höchsten Erfüllungsgrad besitzt. Damit ist die Nachvollziehbarkeit der Bestimmung der Kalibrierintervalle gewährleistet. Voraussetzung für Gl. (2.91) ist jedoch, dass ein ausgeprägtes Maximum existiert.

Mit $\hat{y}$ ist die Zugehörigkeit zu einem linguistischen Term bestimmt. Dieser linguistische Term beeinflusst die Basiskalibrierintervalle in Bezug auf ihre Länge.

Die Zugehörigkeitsfunktionen für die Defuzzifizierung sind in Abb. 2.17 für die in den Benchmarkdatensätzen enthaltenen Prozesse Maischen, Gären, Joghurt und Abwasser dargestellt. Hierbei wurde das Basiskalibrierintervall einer Zugehörigkeit von Eins zum linguistischen Term Mittel (M) zugeordnet. Die übrigen linguistischen Terme wurden symmetrisch zum Basiskalibrierintervall und möglichen minimalen bzw. maximalen Kalibrierintervallen angeordnet. Die minimalen bzw. maximalen Kalibrierintervalle werden willkürlich festgelegt, da mit der Verwendung variabler Kalibrierintervalle in der Praxis bislang noch keine Erfahrungswerte existieren.

Abb. 2.18 zeigt die Kennfelder für alle vier Prozesse. Diese Kennfelder stellen den Zusammenhang zwischen den Eingangsgrößen und den Ausgangsgrößen des Fuzzy-Systems dar. Sie zeigen anschaulich, dass sich aus den Diagnoseparametern Abweichung des Nullpunkts $z_{d,1}$ und Steigung

$z_{d,2}$ neue, von beiden Diagnoseparametern abhängige Kalibrierintervalle t_{cal} ergeben. Gut erkennbar ist die Symmetrie der Kennfelder, die sich aus der Symmetrie der erstellten Regelbasen und den Symmetrien der Zugehörigkeitsfunktionen bzw. der Regelbasen ergibt. Beim direkten Vergleich der Kennfelder wird schnell deutlich, dass im Fall der Prozesse Joghurt und insbesondere Abwasser der Bereich stark ausgeprägt ist, der ein langes Kalibrierintervall t_{cal} bedingt. Dieser Bereich ist durch die Farben gelb, orange und rot gekennzeichnet. Im Gegensatz dazu sind die beschriebenen Bereiche im Fall der Prozesse Maischen und Gären deutlich schwächer ausgeprägt. Damit wird bei den Prozessen Maischen und Gären ein deutlich verlängertes Kalibrierintervall nur selten erreicht.

Die so an den jeweiligen Zustand angepassten Basiskalibrierintervalle sind für beide Benchmarkdatensätze in Tabelle 2.16 gegenübergestellt.

Im Vergleich der Ergebnisse spiegeln sich die Erklärung zu den Kennfeldern wider. Bei den Prozessen Maischen, Gären und Joghurt zeigen sich Kalibrierintervalle, die sich aufgrund der Diagnoseparameter sowohl unter- als auch oberhalb der Basiskalibrierintervalle befinden. Die Kalibrierintervalle des Prozesses Abwasser sind in beiden Benchmarkdatensätzen BM_1 und BM_2 gegenüber der Länge des Basiskalibrierintervalls von 168 Stunden größtenteils stark verlängert. So bewegen sich die Kalibrierintervalle in Benchmarkdatensatz BM_1 zwischen 181,44 und 251,48 Stunden. Im Benchmarkdatensatz BM_2 werden maximal 251,48 Stunden erreicht. Das minimale bestimmte Kalibrierintervall liegt mit 153,59 Stunden unterhalb des Basiskalibrierintervalls.

$k_{Diag.}$	Prozess (BM_1)			
	Maischen	Gären	Joghurt	Abwasser
1	6,81	152,67	9,31	219,37
2	5.84	139,69	8,78	185,12
3	5,72	139,75	8,75	189,23
4	5,72	139,23	8,74	186,63
5	8,24	192,99	10,80	251,85
6	8,16	183,26	10,53	251,72
7	5,71	138,19	8,71	181,44
8	6,32	138,50	8,75	199,45
9	7,97	173,83	10,18	250,97
10	8,18	187,63	10,63	251,70

$k_{Diag.}$	Prozess (BM_2)			
	Maischen	Gären	Joghurt	Abwasser
1	8,11	182,22	10,47	251,48
2	6,50	143,36	8,93	207,25
3	5,66	135,25	8,66	166,66
4	7,96	176,86	10,25	250,86
5	7,97	177,19	10,25	250,89
6	6,18	141,53	8,87	193,21
7	7,19	149,42	9,13	242,94
8	5,71	138,31	8,72	181,99
9	7,08	159,20	9,58	227,59
10	5,63	132,84	8,61	153,59

Tabelle 2.16: Angepasste geschätzte Kalibrierintervalle t_{cal} für die Benchmarkdatensätze BM_1 und BM_2. Grundlage der Schätzung sind die Basiskalibrierintervalle für Maischen (6,4h), Gären (144h), Joghurt (9,2h) und Abwasser (168h).

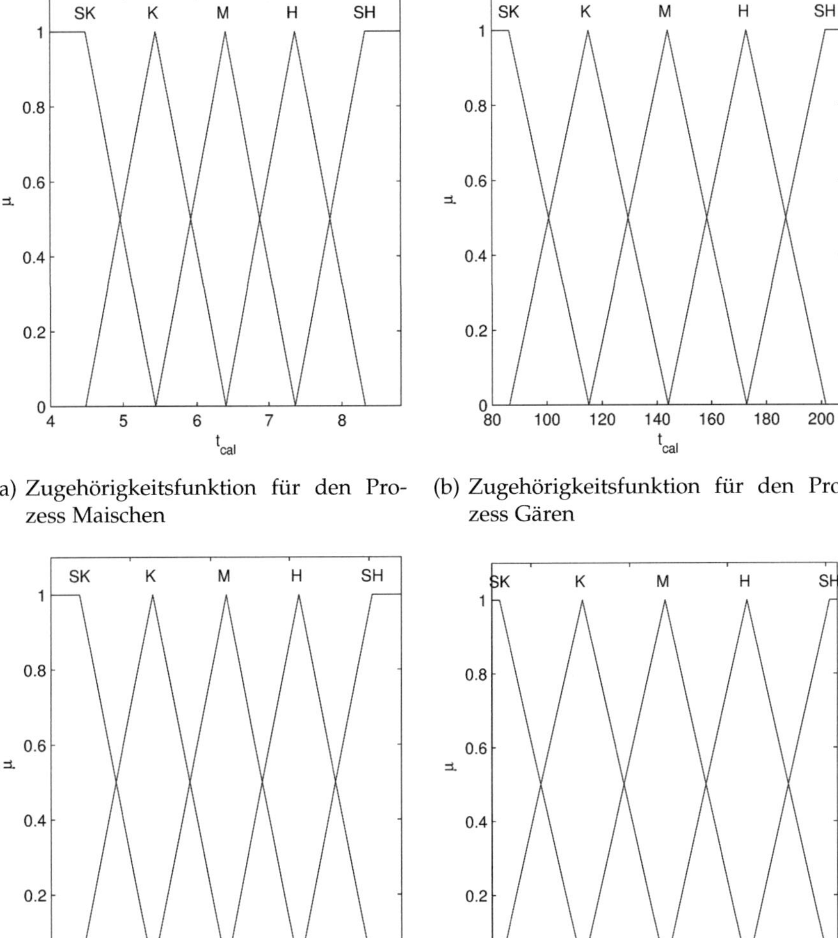

(a) Zugehörigkeitsfunktion für den Prozess Maischen

(b) Zugehörigkeitsfunktion für den Prozess Gären

(c) Zugehörigkeitsfunktion für den Prozess Joghurt

(d) Zugehörigkeitsfunktion für den Prozess Abwasser

Abbildung 2.17: Zugehörigkeitsfunktionen für das Kalibrierintervall t_{cal}. Es werden die linguistischen Terme Sehr Klein (SK), Klein (K), Mittel (M), Hoch (H) und Sehr Hoch (H) verwendet.

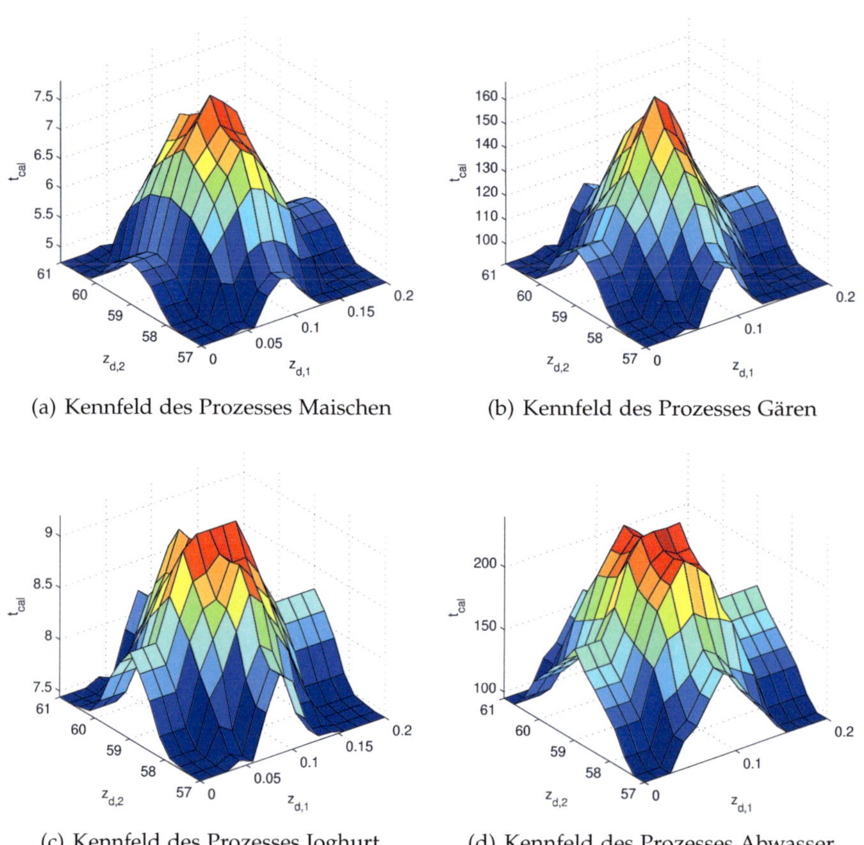

(a) Kennfeld des Prozesses Maischen

(b) Kennfeld des Prozesses Gären

(c) Kennfeld des Prozesses Joghurt

(d) Kennfeld des Prozesses Abwasser

Abbildung 2.18: Kennfelder für die Prozesse Maischen, Gären, Joghurt und Abwasser

2.7 Implementierung

Ziel und Zweck einer Implementierung ist es, Algorithmen zur Verfügung zu stellen, die die Funktionen des entwickelten Systems rechnergestützt ausführen. Die Implementierung des Gesamtsystems führt die Teilimplementierungen des Systems zur Identifikation chemischer und verfahrenstechnischer Prozesse und zur Bestimmung und Anpassung von Kalibrierintervallen zusammen. Die entwickelten Algorithmen müssen in späteren Arbeiten für den praktischen Einsatz so optimiert werden, dass sie

- möglichst wenig Speicher und

- möglichst wenig Rechenzeit verbrauchen sowie

- onlinefähig sind.

Die Implementierung des in Kapitel 2 vorgestellten Systems erfolgt prototypisch mit Hilfe der Plattform MATLAB. Eine Portierung auf die möglichen Zielsysteme Sensorkopf oder Messumformer kann im Rahmen der vorliegenden Arbeit nicht vorgenommen werden, da aktuelle Sensor- oder Messumformermodelle bei ihrer Konzeption so optimiert wurden, dass nur noch ein Minimum an Speicher und Rechenleistung zur Verfügung steht. Diese freien Leistungsreserven sind nicht in der Lage, zusätzliche Aufgaben, wie sie aus der Implementierung des Systems zur Diagnose elektrochemischer Sensoren resultieren, aufzunehmen oder auszuführen. Daher kann die Implementierung nur auf der Entwicklungs-, jedoch nicht auf einer Zielplattform vorgenommen werden. Die Implementierung kann aber zur Definition der Randbedingungen in der Entwicklungsphase künftiger Sensor- und Messumformermodelle herangezogen werden.
Bei der Implementierung wurde die Modularität in besonderem Maße berücksichtigt. Damit können mit möglichst geringem Aufwand einzelne Komponenten des Systems gegen andere ausgetauscht werden, ohne dass die Funktionsfähigkeit der gesamten Implementierung gefährdet ist. Der modulare Aufbau orientiert sich an der Struktur des neuen Diagnosesystems (s. Abb. 2.1). Die Implementierung des ersten Schritts des

Diagnosesystems, der Identifikation des Prozesses, ist in Abb. 2.19 veranschaulicht. Grau hinterlegte Blöcke, d.h. die Datenvorverarbeitung (Abschnitt 2.5.1) und das Erzeugen von Clusterzeitreihen (Abschnitt 2.5.1), verwenden Gait-CAD Code. Die freie, am Forschungszentrum Karlsruhe entwickelte MATLAB-Toolbox Gait-CAD [98], setzt MATLAB voraus, wobei es für die Versionen 5.3 und 7.0 getestet wurde.

In den meisten Fällen werden keine weiteren MATLAB-Toolboxen benötigt. Einzelne Befehle greifen jedoch auf Standard-Toolboxen wie die Signal-Toolbox, die Statistik-Toolbox oder die Wavelet-Toolbox zu.

Gait-CAD wurde quelloffen unter der GNU General Public License (GNU GPL) veröffentlicht, um eine hohe Verbreitung und eine leichte Weiterentwicklung und Anpassung zu ermöglichen.

Die Implementierung grau gestreift hinterlegter Blöcke, d.h. Training der Hidden-Markov-Modelle (Abschnitt 2.5.2) und deren Anwendung (Abschnitt 2.5.2), greift zur Modellierung der Hidden-Markov-Modelle auf die von K. MURPHY entwickelte und frei verfügbare MATLAB-Toolbox (HMM-Toolbox) zu.

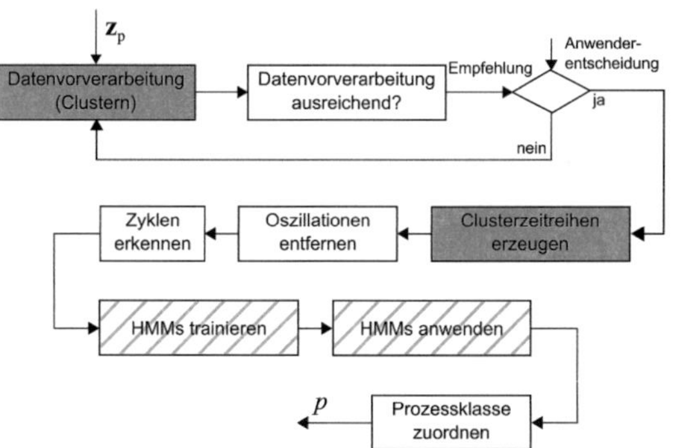

Abbildung 2.19: Implementierung von Schritt 1 (Identifikation des Prozesses) des neuartigen Diagnoseverfahrens. Grau hinterlegte Blöcke wurden mit Hilfe der offenen MATLAB-Toolbox Gait-CAD [98] realisiert, grau gestreift hinterlegte Blöcke greifen zur Modellierung der Hidden Markov Modelle auf die MATLAB-Toolbox von K. MURPHY zu.

Die Implementierung von Schritt 1 benötigt die Prozessvariablen $\mathbf{z}_p$ und liefert die Prozessklasse p.

Weiße Blöcke stellen für alle Module der Implementierung vollständige Eigenentwicklungen bzw. neue Implementierungen dar. Hierzu zählen die Überprüfung der Datenvorverarbeitung (Abschnitt 2.5.1), die Entfernung von Oszillationen aus Clusterzeitreihen (Abschnitt 2.5.1), die Erkennung von Zyklen aus den reduzierten Clusterzeitreihen (Abschnitt 2.5.1) und die Zuordnung der Prozessklasse zu der zugrunde liegenden Zeitreihe aus Clusterzugehörigkeiten (Abschnitt 2.5.2). Die Implementierung von Schritt 2 ist in Abb. 2.20 (a) illustriert.

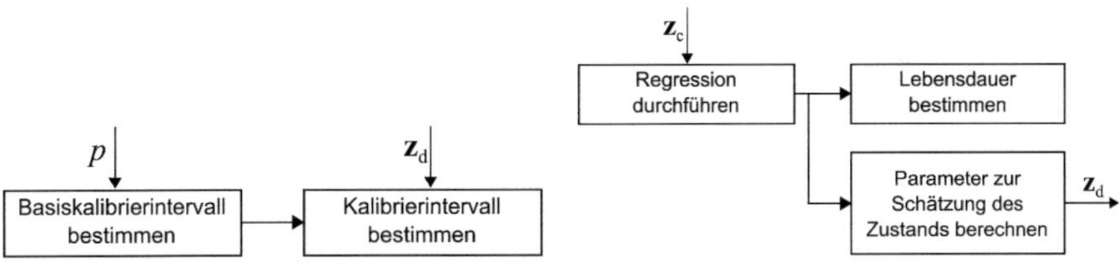

(a) Implementierung von Schritt 2 (Schätzen des Kalibrierintervalls)

(b) Implementierung von Schritt 3 (Prädiktion der Lebensdauer) und 4 (Schätzen des Zustands)

Abbildung 2.20: Implementierung der Schritte 2, 3 und 4 des neuartigen Verfahrens

Die Implementierung dieses Schritts benötigt die Prozessklasse p aus Schritt 1, um ein Basiskalibrierintervall zu bestimmen. Nach der ersten Kalibrierung kommt der Satz Diagnoseparameter $\mathbf{z}_d$ aus Schritt 4 hinzu, um das Basiskalibrierintervall gemäß dem aktuellen Zustand zu beeinflussen. Schritt 3 und 4 der Implementierung sind gemeinsam in Abb. 2.20 (b) dargestellt. Aus den Kalibrierparametern $\mathbf{z}_c$ werden die Parameter der Regressionskurve zweiter Ordnung berechnet. In Schritt 3 wird aus den Parametern die Lebensdauer der pH-Glaselektrode geschätzt. Parallel dazu werden in Schritt 4 Parameter $\mathbf{z}_d$ erzeugt, die eine Aussage über den Zustand der Glaselektrode erlauben und wieder in Schritt 2 einfließen, um das Kalibrierintervall zu beeinflussen.

2.8 Zusammenfassung

Im vorliegenden Kapitel wurde ein neuartiges Verfahren zur Diagnose von pH-Glaselektroden vorgestellt.
Zu Beginn wurden in Abschnitt 2.1 Anforderungen an eine neuartige Diagnosefunktionalität formuliert. Dabei wurde deutlich, dass die Forderungen nach Funktionalität, Zeitnähe, Zuverlässigkeit und Änderbarkeit besonders berücksichtigt werden müssen. Weiter wurde in Abschnitt 2.2 eine Vorgehensweise vorgeschlagen, wie die Problemstellungen, die in der Diagnose von Sensoren auftreten, vereinheitlicht werden können. Es wurden Fragen formuliert, die zum Verständnis der Alterungseffekte elektrochemischer Sensoren beitragen. Die Antworten für den Fall von pH-Glaselektroden helfen, ein System zur Diagnose zu entwerfen.
Aufbauend auf den Ergebnissen der beiden ersten Abschnitte wurde in Abschnitt 2.3 ein neues Konzept eingeführt, das in der Lage ist, einen Prozess aus seinen Prozessparametern zu erkennen und aus dem Wissen über den Prozess ein Kalibrierintervall zu bestimmen. Dieses Verfahren gliedert sich in folgende Schritte:

- Identifikation des Prozesses,

- Zuordnen eines prozessspezifischen Kalibrierintervalls und Anpassen der Kalibrierintervalle anhand des ermittelten Zustands,

- Prädiktion der Lebensdauer und

- Ermittlung des Zustands der pH-Glaselektrode.

Zum Nachweis der Funktionsfähigkeit des entworfenen Verfahrens wurde die Erstellung eines Benchmarkdatensatzes (Abschnitt 2.4) gezeigt. Der Benchmarkdatensatz besteht aus zwei Teilen. Teil 1 des Benchmarkdatensatzes enthält Zeitreihen aus Prozessdaten von vier Prozessen, die für den Einsatz von pH-Glaselektroden typisch sind. Drei Prozesse (Maischen und Gären von Bier, Fermentation von Joghurt) stammen aus der Lebensmittelindustrie, der vierte Prozess (Abwasser) aus dem allgemeinen industriellen Einsatz. Teil 2 des Benchmarkdatensatzes stellt zu jedem Prozess Kalibrierzeitreihen gegenüber, die prozessspezifische Alterung repräsentieren. Die Identifikation des Prozesses folgt in Abschnitt 2.5. Die

Grundannahme für die Identifikation ist, dass sich ein chemischer bzw. verfahrenstechnischer Prozess durch die Abfolge seiner Prozessparameter charakterisieren lässt. Die Identifikation wurde mit Hilfe von Clusterverfahren und Hidden-Markov-Modellen realisiert. Dabei werden die Clusterverfahren dazu eingesetzt, um den Prozessraum, der von den Prozessparametern aufgespannt ist, geeignet zu unterteilen. Somit kann jedes Datentupel der Prozessparameter einem Cluster zugewiesen werden. Die Abfolge der Zugehörigkeiten zu den Clustern wird mittels der Hidden-Markov-Modelle identifiziert. Es zeigte sich, dass sich die im Benchmarkdatensatz hinterlegten Prozesse Maischen, Gären, Joghurt und Abwasser eindeutig voneinander trennen lassen. Den so klassifizierten Prozessen lassen sich hinterlegte prozessspezifische Kalibrierintervalle zuordnen. Die Bestimmung und das Anpassen von Kalibrierintervallen folgt in Abschnitt 2.6. Der Zustand einer pH-Glaselektrode lässt sich während der Kalibrierung abschätzen. Es hat sich gezeigt, dass eine Regressionskurve zweiter Ordnung und die numerische Bestimmung des Ausfallzeitpunkts die Anforderung nach Zuverlässigkeit am besten erfüllen. Die abgeleiteten Diagnoseparameter beeinflussen mit Hilfe linguistischer Fuzzy-Systeme das folgende Kalibrierintervall.

In Abschnitt 2.7 wurde abschließend die Implementierung des Konzepts gezeigt. Diese zeichnet sich insbesondere durch ihren modularen Aufbau aus, der es möglich macht, einzelne Teilschritte des Verfahrens zu modifizieren oder auszutauschen. Dabei wurden, um die Implementierung nachvollziehbar zu machen, quelloffene Module wie Gait-CAD oder die frei verfügbare HMM-Toolbox von K. MURPHY verwendet.

3 Anwendung

Im vorliegenden Kapitel wird die Anwendung des in Kapitel 2 beschriebenen neuen Verfahrens am Beispiel zweier Datensätze gezeigt. In Abschnitt 3.1 wird das Diagnosesystem auf einen Datensatz angewendet, der aus Kalibrierdaten von Sensoren besteht, die in einem Laborversuch gewonnen wurden. In Abschnitt 3.2 wird die Funktion des Systems anhand eines Datensatzes demonstriert, der im Einsatz in realen Prozessen gewonnen wurde. Eine abschließende Bewertung der Anwendung des neuen Diagnosesystems erfolgt in Abschnitt 3.3.

3.1 Anwendung des Konzepts auf einen Datensatz aus einem Laborversuch

In diesem Abschnitt wird die Anwendung des Diagnosesystems auf einen in einem Laborversuch gewonnenen Datensatz gezeigt. Zu Beginn wird der verwendete Datensatz (Abschnitt 3.1.1) beschrieben. Danach werden die Funktionsweise des Teilsystems zur Identifikation des Prozesses (Abschnitt 3.1.2) und daraus resultierende Kalibrierintervalle gezeigt. Anschließend folgt die Demonstration der Funktion des Schätzens der Lebensdauer bzw. des Ausfallzeitpunkts und des Anpassens von Kalibrierintervallen in Abschnitt 3.1.3. Abschließend wird in Abschnitt 3.1.4 die Anwendung des Systems auf den bei einem Laborversuch erzeugten Datensatz bewertet.

3.1.1 Beschreibung des Versuchs und des Datensatzes

Ziel des Laborversuchs war es, ein Kollektiv aus 15 Glaselektroden unter definierten Bedingungen zum Ende ihrer Lebensdauer zu führen [54].

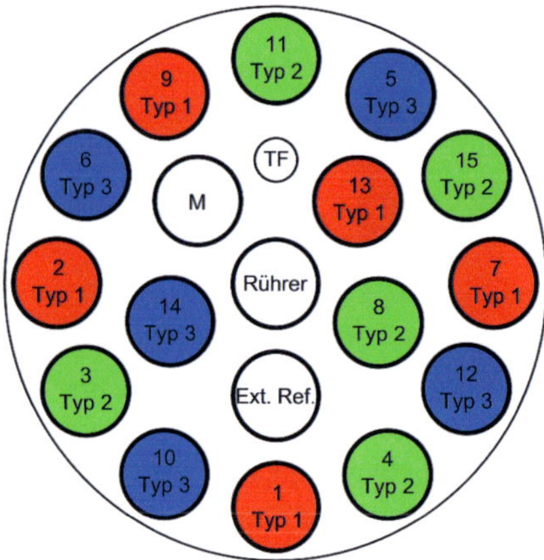

Abbildung 3.1: Anordnung der Glaselektroden im Halter. pH-Glaselektroden vom Typ 1 sind rot, vom Typ 2 grün und vom Typ 3 sind blau hinterlegt.

Hierfür wurden die verwendeten 15 Glaselektroden in einem gemeinsamen Halter in zufällig gewählter Anordnung fixiert. Die beschriebene Anordnung und die Zuordnung der Elektroden zu den drei verschiedenen Sensortypen ist in Abb. 3.1 dargestellt. Zur besseren Durchmischung der Medien, welche sich während des Versuchs um die Glaselektroden befinden, wird ein Rührer verwendet, der zentral im Deckel angeordnet ist. **M** bezeichnet eine weitere Elektrode, die eingefügt wurde, um mit einer höheren Frequenz Übergangsvorgänge beim Wechsel der Elektroden von einem in ein anderes Medium zu beobachten. Ein zentraler Temperaturfühler **TF** überwacht die Temperatur des Mediums. Die Medientemperatur dient als Eingangsgröße eines Reglers, der zur Einstellung der Temperatur des Mediums verwendet wird. Wärme wird über eine Heizplatte in den Boden des Gefäßes geleitet, in dem sich das Medium und die pH-Glaselektroden befinden. Ebenso wurde eine externe Referenz **Ext. Ref.** eingesetzt, gegen die die einzelnen Potentiale gemessen werden konnten.

Vor Beginn des Versuchs wurden die Sensoren in einer temperierten Kaliumchloridlösung (KCl; pH=7, T=25°C) drei Stunden lang konditioniert, um Diffusionspotentiale (s. Abschnitt1.2.1) zu eliminieren. Der Ablauf des auf die Konditionierung folgenden Versuchs lässt sich in Zyklen einteilen. Hier besteht jeder Zyklus aus der gleichen Abfolge und ähnlicher Dauer der folgenden Schritte:

1. Eintauchen der Sensoren in eine erste Puffer- bzw. Kalibrierlösung (pH=4, T=25°C) und Verbleib für drei Stunden,

2. Eintauchen der Sensoren in eine zweite Puffer- bzw. Kalibrierlösung (pH=9,2, T=25°C) und Verbleib für drei Stunden,

3. Eintauchen der Sensoren in heiße Natronlauge (NaOH; pH$\approx$11, T=80°C) und Verbleib für zwölf Stunden,

4. Eintauchen der Sensoren in Natronlauge bei Raumtemperatur (NaOH; pH$\approx$11, T=25°C) und Verbleib für 30 Minuten,

5. Eintauchen und Verbleib in Kaliumchlorid (KCl; pH=7, T=25°C) für drei Stunden.

Insgesamt wurden während des gesamten Versuchs 27 der beschriebenen Zyklen durchlaufen. Während des gesamten Belastungsversuchs erfolgte eine Ermittlung der Messwerte mit T_{Proc}=20s. Die gewählte Abtastzeit entspricht auch der realen Abtastzeit von Sensoren, die in industriellen Umgebungen zum Einsatz kommen. Der Zeit werden die folgenden gemessenen Parameter jedes Sensors zugeordnet:

- Spannung der Glashalbzelle $U_G = E_1 - E_2 + E_3$ in [mV],

- Spannung der Referenzhalbzelle $U_R = -E_4 - E_5$ in [mV],

- Widerstand des Temperatursensors R_ϑ in [mΩ].

Die Zyklen sind, bezogen auf die Potentiale der Glas- und der Referenzhalbzelle, in Abb. 3.2 dargestellt.
Um das Konzept anwenden zu können, müssen die gemessenen Parameter der Sensoren in die Prozessvariablen umgerechnet werden. Hierbei ergibt sich der pH-Wert des Mediums aus der Gesamtspannung der Glaselektrode nach Gl. (1.3). Da die Einzelpotentiale $E_1 \ldots E_5$ nicht einzeln gemessen werden können, muss die Differenz aus den Spannungen

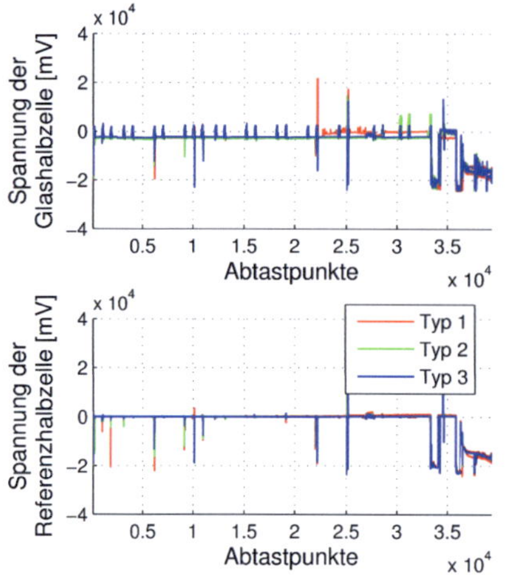 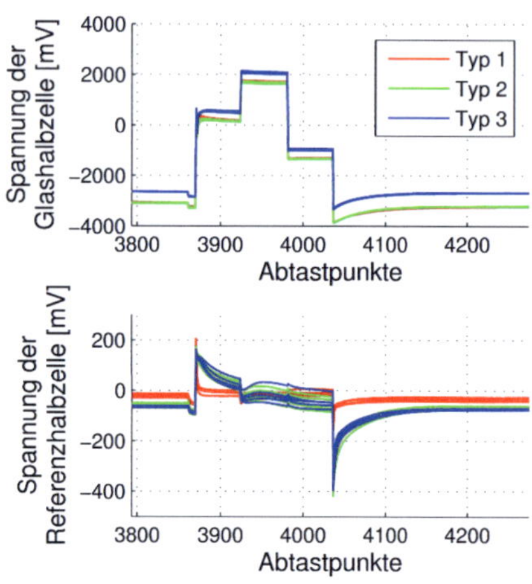

(a) Vollständiger Verlauf der Spannungen von Glas- und Referenzhalbzelle des gesamten Versuchs

(b) Ausschnitt aus dem vollständigen Verlauf aus (a). Dargestellt ist ein vollständiger Zyklus, der aus den beschriebenen Schritten 1 bis 5 besteht.

Abbildung 3.2: Verlauf der Potentiale von Glas- und Referenzhalbzelle aller eingesetzten Glaselektroden

von Glas- und Referenzhalbzelle gebildet werden. Die Umrechnung in den pH-Wert des Mediums ergibt sich mit dem NERNST-Potential U_N, der Spannung Glashalbzelle U_G, der Spannung der Referenzhalbzelle U_R der pH-Glaselektrode und dem theoretischen Nullpunkt der Glaselektrode $\mathrm{pH}_0=7$ zu

$$\mathrm{pH} = \frac{U_G - U_R}{U_N} + \mathrm{pH}_0, \tag{3.1}$$

wobei hier $U_G = E_1 - E_2 + E_3$ und $U_R = -(E_4 + E_5)$ gemäß Gl. (1.3) gilt. Aus Abb. 3.2(b) wird schnell deutlich, dass sich E_5 in der Realität entgegen der Annahme aus Abschnitt 1.2.1 nicht vernachlässigen lässt. Gerade beim Eintauchen in ein Medium im durchgeführten Versuch beträgt E_5 bis etwa -400 bzw. +200 mV. Auffällig ist jedoch, dass die Spannung der Referenzhalbzelle der pH-Glaselektroden vom Typ 1 weniger stark von

Medienwechseln beeinflusst wird als die Spannungen der Referenzhalbzellen der Elektroden vom Typ 2 und 3. Die Umrechnung der Temperatur T aus dem Widerstand des Temperatursensors R_ϑ erfolgt mit Hilfe des Polynoms

$$T = \alpha_{\vartheta,1} \cdot R_\vartheta^3 + \alpha_{\vartheta,2} \cdot R_\vartheta^2 + \alpha_{\vartheta,3} \cdot R_\vartheta + \alpha_{\vartheta,4}. \tag{3.2}$$

Für den eingesetzten Temperatursensor gelten die Koeffizienten [54]

$\alpha_{\vartheta,1} = 7{,}832 \cdot 10^{-7},$

$\alpha_{\vartheta,2} = 7{,}385 \cdot 10^{-4},$

$\alpha_{\vartheta,3} = 2{,}387,$

$\alpha_{\vartheta,4} = -2{,}469 \cdot 10^2.$

Die so errechneten Verläufe von pH-Wert und Temperatur sind in Abb. 3.3 illustriert und im Vektor der Prozessparameter $\mathbf{z}_p$ eingetragen. Aus diesen Verläufen ist deutlich erkennbar, dass in Zyklus 4 und 5 die gewünschte Temperatur von $T = 80°C$ nicht erreicht werden konnte. Dies ist auf einen Defekt des für die Temperaturregelung benötigten Thermostats zurückzuführen. Weiter ist ersichtlich, dass ab dem 17. Zyklus die Temperatur von 80 °C auf 95 °C erhöht wurde. Diese Maßnahme wurde gewählt, um den Ausfall der eingesetzten Glaselektroden möglichst schnell herbeizuführen. Der erste Ausfall tritt, erkennbar am Verlauf des gemessenen pH-Werts (Abb. 3.3 (a)), gegen Abtastpunkt 23.000 bei einer Elektrode vom Typ 1 (rot) auf. Dieser Ausfall äußert sich durch einen Anstieg der Spannung der Glashalbzelle (s. Abb. 3.2(a)) und damit auch durch einen Abfall des pH-Werts (Abb. 3.2(a) oben) und folgend durch einen instabilen und unzuverlässigen Messwert. Ab Abtastpunkt 33.000 beginnt der Ausfall aller anderen Glaselektroden. Die weiteren Ausfälle äußern sich durch die gleiche Symptomatik eines abfallenden und instabilen Messwerts. Bedingt wird der abfallende und instabile Messwert durch ein Abfallen der Spannungen von Glas- und Referenzhalbzelle, s. dazu Abb. 3.2(a). Gegen Ende des Versuchs treten noch Instabilitäten und Fehler bei der Temperaturmessung hinzu, die sich in Abb. 3.3(a) durch ein Abfallen der Temperatur bei einem Sensor vom Typ 2 bei Abtastpunkt

28.000 äußern. Ab Abtastpunkt 36.000 fallen weitere Temperatursensoren von pH-Glaselektroden von Typ 2 und 3 aus. Die pH-Glaselektroden vom Typ 1 sind hiervon nicht betroffen, der Messwert der Temperatur bleibt für Glaselektroden vom Typ 1 während des gesamten Versuchs verdeckt. Der Fehler der Temperaturmessung kann durch ein Eindringen von Medium in das Innere der pH-Glaselektrode erklärt werden.
Zum Ende des Versuchs ist keine Elektrode mehr intakt. Diese Beobachtungen können auch aus Abb. 3.2 nachvollzogen werden. Hier zeigt sich der erste Ausfall einer Elektrode vom Typ 1 (rot) durch das Ansteigen des Potentials der Glashalbzelle, der Ausfall aller weiteren Elektroden (grün und blau) durch das Abfallen der Potentiale von Glas- und Referenzhalbzelle.

Aus der Elektrodenspannung in den Phasen mit pH=4 und in pH=9,2 konnten die Kalibrierparameter Nullpunkt und Steigung berechnet werden. Die so erhaltenen Verläufe sind in Abb. 3.4 illustriert. Bei der Betrachtung von Abb. 3.4 (a) fällt auf, dass entgegen des in der Literatur [123] beschriebenen und durch Anwender bestätigten Abfalls des Kalibrierparameters Nullpunkt die Nullpunkte der eingesetzten Sensoren tendenziell bis auf pH=8 ansteigen. Erst der Defekt der Elektroden führt zu einem deutlichen Abfall unter den idealen Nullpunkt von $pH_0=7$.
Auch der Kalibrierparameter Steigung verhält sich entgegen der Beschreibungen in der Literatur und Anwendererfahrung. Aus Abb. 3.4 (b) sind deutliche Tendenzen zu Steigungen über dem NERNST-Potential U_N, erkennbar. Die beobachteten Effekte der Kalibrierparameter entsprechen nicht den üblichen Verläufen und können im Rahmen der vorliegenden Arbeit nicht erklärt werden. Dennoch werden diese Verläufe verwendet, um aus der Identifikation gewonnene Basiskalibrierintervalle aufgrund des aktuellen Zustands der pH-Glaselektrode anzupassen.

3.1.2 Anwendung zur Identifikation chemischer Prozesse

Zur Verwendung des Laborversuchs zur Demonstration der Funktionsfähigkeit des neuen Konzepts wird ein kompletter Zyklus, wie in Abschnitt 3.1.1 beschrieben, als sich wiederholender Prozesszyklus definiert. Der erste Schritt zur Anwendung des Verfahrens besteht darin, den durch

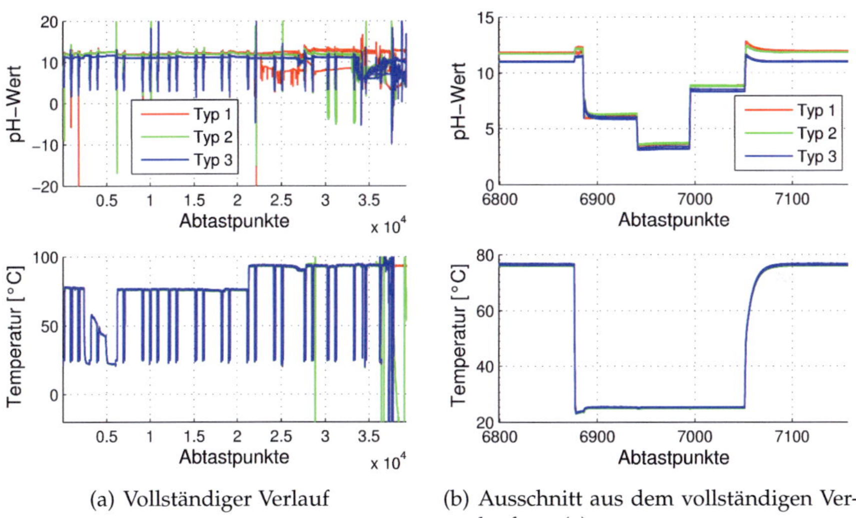

(a) Vollständiger Verlauf

(b) Ausschnitt aus dem vollständigen Verlauf aus (a)

Abbildung 3.3: Verlauf des pH-Werts und der Temperatur während des Laborversuchs. Links sind die Verläufe von pH-Wert und Temperatur des vollständigen Versuchs dargestellt, rechts pH-Wert und Temperatur eines vollständigen Zyklus (Ausschnitt) mit den beschriebenen Schritten 1 bis 5. Die Sensoren vom Typ 1 (rot) werden in den Verläufen der Temperatur vollständig, die Sensoren vom Typ 2 (grün) größtenteils durch die Sensoren vom Typ 3 (blau) verdeckt.

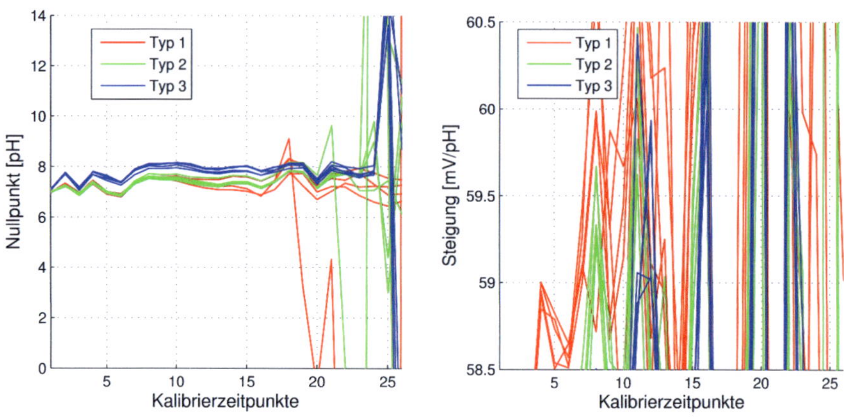

(a) Verlauf des Kalibrierparameters Nullpunkt

(b) Verlauf des Kalibrierparameters Steigung

Abbildung 3.4: Verlauf der Kalibrierparameter im Laborversuch. Dargestellt sind alle aus den 27 Zyklen bestimmten Kalibrierzeitpunkte.

die Prozessvariablen aufgespannten Prozessraum zu clustern und so die
Prozesskarte zu erhalten. Der Prozessraum (Abb. 3.5 (a)) stellt die Clusterzugehörigkeiten der möglichen Prozessvariablen dar. Hierbei wurden
$m_y = 10$ Cluster und ein Fuzzifizierungsgrad $q = 2$ verwendet. Auffällig
sind im Prozessraum die fehlerbehafteten Umrechnungen der Prozessvariablen Temperatur und pH-Wert, da ihnen durch Elektrodendefekte
fehlerhafte Messwerte zugrunde liegen.

Da während des Betriebs der Glaselektroden solche Fehler ebenso vor-
kommen können, wurde der Prozessraum unverändert geclustert, um
so im Weiteren auch Fehler identifizieren zu können. Als Distanzmaß
$d_c^2(\mathbf{x}[n], \bar{\mathbf{x}}_c)$ wird auch hier eine Varianznormierung genutzt, sodass unter
Berücksichtigung der geschätzten Standardabweichung $\hat{\sigma}_l$ nach Gl. (2.17)
alle Merkmale auf einen Mittelwert von Null und eine Standardabweichung von Eins im Lerndatensatz normiert werden. Aus Abb. 3.5 (a) ist
(aus dem Verlauf der Clustergrenzen, die sich durch die Clusterzugehörigkeiten erkennen lassen) ersichtlich, dass die Cluster – insbesonde-

re Cluster 10 – kreisförmig ausgebildet sind. Entgegen Abb. 2.8(b) wird in Abb. 3.5 (b) deutlich, dass innerhalb des üblicherweise messbaren Bereichs die Temperatur übergewichtet wird, sodass für die Clusterzugehörigkeit alleine der pH-Wert des Mediums die Clusterzugehörigkeit eines Datentupels bestimmt. Dies ist dem Umstand geschuldet, dass der Prozessraum durch die große Anzahl fehlerbehafter Messwerte stark ausgedehnt ist und somit der Bereich der zulässigen Messwerte gegenüber den tatsächlich gemessenen, aber fehlerbehafteten Prozessparametern deutlich untergewichtet wird. Dennoch wird das Ergebnis des Clusterns weiter verwendet, da die Cluster 1 und 10 den Bereich stark fehlerbehafteter Messwerte charakterisieren. Das Auftreten der beiden Clusterzugehörigkeiten lässt auf die bereits genannten Ausfallerscheinungen aus Abb. 3.2 und 3.3 schließen.

Aus dem Prozessraum ergeben sich aus den Zugehörigkeiten der Datentupel zu den Clustern nach Gl. (2.20) Clusterzeitreihen, s. Abb. 3.5 (c). Die so erhaltenen Clusterzeitreihen werden verwendet, um den Prozess und Fehler an der Glaselektrode erkennen zu können.

Zur Gewinnung der für eine Klassifikation notwendigen Sequenzen wird das neuartige Verfahren zur Entfernung von Oszillationen und zur Erkennung von Zyklen aus Abschnitt 2.5 verwendet. Damit werden die reduzierten Zeitreihen aus Clusterzugehörigkeiten erhalten. Die daraus erhaltenen Sequenzen, beispielsweise $o_1 = z_{Cluster,red,1}$, wurden genutzt, um Hidden-Markov-Modelle $\langle S, K, \mathbf{\Pi}, \mathbf{A}, \mathbf{B} \rangle$ zu trainieren. Dafür wurden $S = 3$ Zustände, sowie $K = 1 \dots m_y$ als Ausgabealphabet gewählt.

Für die im Laborversuch verwendeten Sensoren wurde ein gemeinsames Hidden-Markov-Modell angelegt, um die Eignung des Verfahrens zu demonstrieren. Das angelegte Modell wurde mit den ersten drei Zyklen $O_{tr} = (o_1 \dots o_3)$ der jeweils erhaltenen Sequenzen jedes Sensors trainiert; die Evaluierung erfolgte mit allen 27 im Datensatz enthaltenen und voneinander mit Hilfe des neuartigen Verfahrens aus Abschnitt 2.5.1 separierten Zyklen $O_{val} = (o_1 \dots o_{27})$. Die Ergebnisse der Evaluierung sind in Tabelle 3.1 für das für die Sensoren angelegte Hidden-Markov-Modell $\langle S, K, \mathbf{\Pi}, \mathbf{A}, \mathbf{B} \rangle$ dargestellt. Um die Funktionsfähigkeit des Verfahrens demonstrieren zu können, wurde für die Zyklen, die den Prozess Maischen (BM_1) repräsentieren, ebenfalls ein Hidden-Markov-Modell ange-

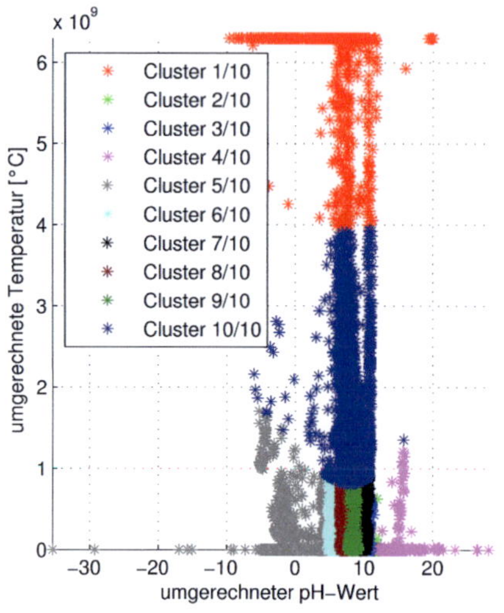

(a) Geclusterter Prozessraum des Laborversuchs

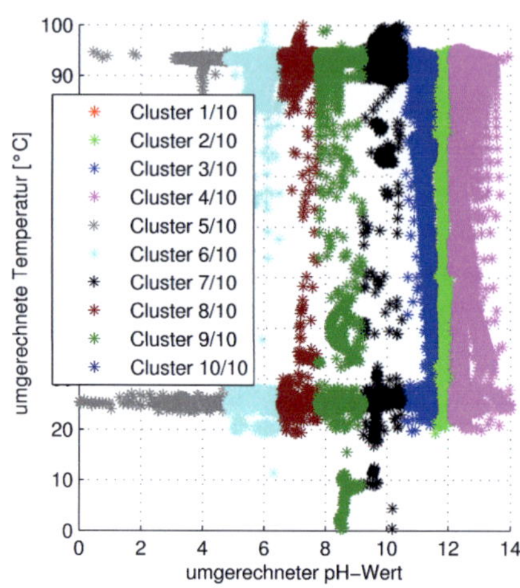

(b) Geclusterter Prozessraum des Laborversuchs: Vergrößerung auf den messbaren Bereich der Prozessparameter

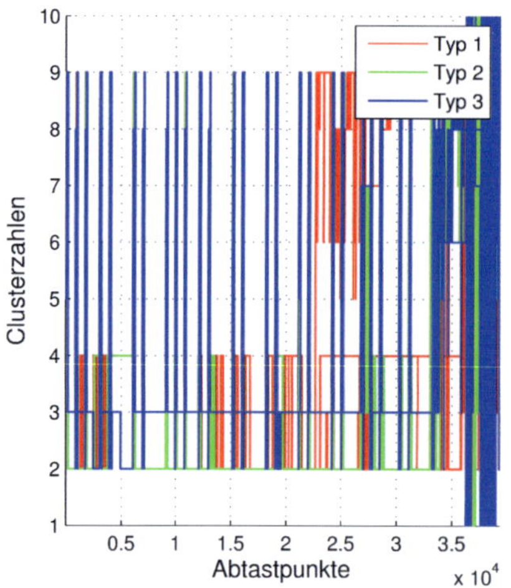

(c) Clusterzeitreihen nach des geclusterten Prozessraums aus (a)

Abbildung 3.5: Ergebnisse des Clusterns

legt. Hierfür wurden ebenfalls die Zyklen 1 bis 3 für das Training des entsprechenden Hidden-Markov-Modells verwendet. Die zum Training verwendeten Sequenzen $O_{tr} = (o_1 \ldots o_3)$ wurden ebenfalls mit Hilfe des neuartigen Verfahrens zur Zyklenerkennung aus Abschnitt 2.5.1 voneinander getrennt. Damit ergeben sich wieder reduzierte Zeitreihen aus Clusterzugehörigkeiten $z_{Cluster,red}$, sodass beispielsweise $o_{10} = z_{Cluster,red,10}$ ist. Auftretende Zyklen wurden eliminiert.

Die Evaluierung wurde mit allen Zyklen $O_{val} = (o_1 \ldots o_{10})$ durchgeführt. Die Ergebnisse der Evaluierung sind in Tabelle 3.1 und 3.2 aufgeführt. Zum Vergleich werden Trainingsdaten ($O_{tr} = (o_1 \ldots o_3)$), Evaluierungsdaten ($O_{val} = (o_4 \ldots o_{10})$) sowie weitere Daten (Zyklen o_{11} bis o_{14} von insgesamt 27 Zyklen) gegenübergestellt. Eine Auswertung ist jedoch nur für die Trainings- und Evaluierungsdaten sinnvoll, da die weiteren Daten (Zyklen o_{11} bis o_{14} bzw. bis o_{27}) des Laborversuchs mit keinen entsprechenden Zyklen verglichen werden können.

Ein Evaluierungsergebnis gilt im Fall von Tabelle 3.1 als richtig erkannt, wenn innerhalb eines Zyklus das Evaluierungsergebnis des HMMs für Sensoren aus dem Laborversuch bei dem betrachteten Sensor größer ist als die Evaluierungsergebnisse der HMMs für die Prozesse Maischen, Gären, Joghurt und Abwasser. Im Fall von Tabelle 3.2 gilt ein Ergebnis als richtig erkannt, wenn innerhalb eines Zyklus das Evaluierungsergebnis des HMMs für den Prozess Maischen bei dem betrachteten Sensor größer ist als die Evaluierungsergebnisse der HMMs für den Prozess aus dem Laborversuch und für die Prozesse Gären, Joghurt und Abwasser. Hierbei wurden die Funktionswerte korrekt erkannter Zyklen ebenfalls grau hinterlegt. Zur Veranschaulichung der Evaluierungsergebnisse folgen drei Beispiele, die Tabelle 3.1 und 3.2 erläutern.

Beispiel 1: Für Sensor 1 ergibt sich aus Tabelle 3.1 im ersten Zyklus mit dem für den Laborversuch angelegten HMM ein Funktionswert der Log-Likelihood-Funktion von -8,32. Das HMM nimmt für den Prozess Abwasser hingegen einen Funktionswert von -5,62 an. Damit gilt der Prozess Abwasser hier als wahrscheinlicher. Der Prozess wird somit in diesem Fall nicht richtig erkannt.■

Beispiel 2: Für Sensor 1 ergibt sich aus Tabelle 3.1 im vierten Zyklus mit dem für den Laborversuch angelegten HMM ein Funktionswert der Log-Likelihood-Funktion von -4,97. Das HMM nimmt für die Prozesse Maischen, Gären, Joghurt oder Abwasser keinen größeren Funktionswert an. Damit gilt der Prozess aus dem Laborversuch als am wahrscheinlichsten. Der Prozess wird somit in diesem Fall richtig erkannt.■

Beispiel 3: Für den im Prozess Maischen befindlichen Sensor ergibt sich aus Tabelle 3.2 in allen Zyklen mit dem für den Prozess Maischen angelegten HMM ein Funktionswert der Log-Likelihood-Funktion von 0. Das HMM nimmt weder für die Prozesse Gären, Joghurt oder Abwasser noch für die Zyklen des Laborversuchs einen größeren Funktionswert an. Als Funktionswerte aller anderen Prozesse wird $-\infty$ ermittelt. Damit gilt der Prozess Maischen als am wahrscheinlichsten. Der Prozess wird somit richtig erkannt.■

Aus der Betrachtung von Tabelle 3.1 und Tabelle 3.2 wird deutlich, dass das neuartige Verfahren zur Identifikation chemischer und verfahrenstechnischer Prozesse geeignet ist, Prozesse mit guter Genauigkeit voneinander zu unterscheiden.

Tabelle 3.3 zeigt die Auswertung von Tabelle 3.1, welche die Funktionswerte der Log-Likelihood-Funktion $h_{O,\theta}(X)$ des Hidden-Markov-Modells enthält, welches für die im Laborversuch verwendeten Sensoren angelegt wurde. Analog dazu zeigt Tabelle 3.4 die Auswertung von Tabelle 3.2. Tabelle 3.2 enthält die Funktionswerte der Log-Likelihood-Funktion $h_{O,\theta}(X)$ des Hidden-Markov-Modells, welches für die Sequenzen des Prozesses Maischen (BM_1) angelegt wurde.

Zur Auswertung wird in Trainings- und Evaluierungszyklen unterschieden. Die Trainingszyklen entsprechen $o_1 \ldots o_3$, mit denen die HMMs trainiert wurden. Die Evaluierungszyklen $o_4 \ldots o_{10}$ bzw. $o_4 \ldots o_{14}$ entsprechen den Zyklen, für die die Funktionswerte der Log-Likelihood-Funktion bezüglich der trainierten Modelle bestimmt wurden. Für die Evaluierungszyklen aus dem Benchmarkdatensatz gilt für die Evaluierung $o_4 \ldots o_{10}$, da der Datensatz aus zehn Zyklen besteht, für die Evaluierungszyklen aus dem Laborversuch gilt $o_4 \ldots o_{14}$. Da der Datensatz aus dem Laborversuch mit 27 Zyklen deutlich mehr Zyklen zur Evaluierung enthält als die Benchmarkdatensätze, können nicht alle Zyklen verglichen bzw. zur Evaluierung herangezogen werden.

In Tabelle 3.3 bezeichnet o_{ges} die Gesamtheit der zu einer Gruppe gehörigen Zyklen, o_r nach dem Vergleich richtig erkannte Zyklen. In Tabelle 3.3 fällt die geringe Anzahl richtig erkannter Zyklen im Bereich Trainingsdaten deutlich auf. Hierin liegt die Quote richtig erkannter Zyklen bei lediglich 15,6%. Im Gegensatz hierzu stehen die Ergebnisse, die mit Hilfe der Evaluierungszyklen ermittelt wurden. Hier wurden 85,7% der Evaluierungszyklen dem Prozess aus dem Laborversuch zugeordnet und somit richtig erkannt. Die Ergebnisse der Auswertung können aus dem Verlauf des Prozessparameters pH-Wert (Abb. 3.3(b)) bzw. aus dem Verlauf des Kalibrierparameters Nullpunkt (Abb. 3.4(a)) erklärt werden. Der Prozessparameter pH der Sensoren vom Typ 3 verlaufen unterhalb der Prozessparameter der Sensoren von Typ 1 und 2 bzw. verläuft der Kalibrierparameter Nullpunkt der Sensoren vom Typ 3 oberhalb des Kalibrierparameters Nullpunkt der Sensoren von Typ 1 und 2. Da der pH-Wert für die Identifikation des Prozesses nach Abb. 3.5(c) die entscheidende Rolle spielt, da sich die Clusterzugehörigkeit im messbaren Bereich alleine aus dem pH-Wert ergibt, sind so Zugehörigkeiten benachbarter Cluster klassifiziert worden. Beim Training der Hidden-Markov-Modelle nicht enthaltene Clusterzugehörigkeiten, die sich bei der Klassifikation bzw. Evaluierung innerhalb der zu klassifizierenden Sequenz befinden, verringern den Funktionswert der Log-Likelihood-Funktion und führen dazu, dass eine Sequenz nicht zuverlässig erkannt wird.

Aus Tabelle 3.4 gehen die Ergebnisse der Auswertung von Tabelle 3.2 hervor. Hier bezeichnet o_{ges} ebenfalls die Gesamtheit der zu einer Gruppe gehörigen Zyklen, o_r nach dem Vergleich richtig erkannte Zyklen. In Tabelle 3.4 stellt sich ein gegenüber Tabelle 3.3 deutlich anderes Bild dar. Hier wurden im Bereich der Trainingsdaten alle drei Trainingszyklen eindeutig dem HMM, welches für Maischen trainiert wurde, zugeordnet. Die gleiche Beobachtung kann für den Bereich der Evaluierungszyklen gemacht werden. Alle sieben Zyklen, die zur Evaluierung verwendet wur-

| Sensor | | Zyklus Nr. | | | | | | | | | | | | | |
Typ	Nr.	1	2	3	4	5	6	7	8	9	10	11	12	13	14
	1	-8,32	-6,61	-8,72	-4,97	-10,42	-33,24	-9,65	-4,97	-4,83	-4,97	-4,97	-4,97	-4,97	-4,97
	2	-13,01	-8,92	-10,46	-4,97	-10,30	-8,72	-9,65	-1,73	-8,43	-9,65	-8,43	-9,65	-9,65	-9,65
1	7	-8,32	-4,97	-8,29	-8,32	-10,30	-8,44	-9,65	-4,09	-9,63	-5,34	-4,97	-4,97	-4,97	-8,92
	9	-9,92	-10,45	-6,58	-8,92	-12,04	-37,92	-9,65	-12,01	-9,63	-4,97	-4,97	-4,97	-4,97	-8,92
	13	-8,32	-4,09	-4,04	-4,97	-10,30	-8,29	-4,97	-12,01	-9,63	-4,97	-4,97	-4,97	-4,97	-8,92
	3	-13,01	-11,36	-8,29	-4,97	-9,00	-4,04	-9,65	-4,97	-8,18	-4,97	-4,97	-4,97	-4,97	-4,97
	4	-0,92	-4,16	-4,04	-4,97	-4,04	-15,85	-9,65	-5,34	-35,11	-4,97	-9,65	-35,11	-35,11	-2,18
2	8	-0,92	-2,18	-10,59	-11,96	-7,25	-31,51	-9,65	-1,73	-9,65	-4,97	-9,65	-4,97	-8,41	-4,16
	11	-0,92	-3,58	-8,84	-4,97	-7,25	-14,28	-9,65	-8,43	-6,70	-8,43	-9,65	-4,97	-9,65	-35,11
	15	-9,37	-5,56	-4,04	-4,97	-4,04	-8,44	-35,11	-9,65	-35,11	-1,73	-9,65	-35,11	-35,11	-4,16
	5	-3,36	-10,79	-13,35	-35,11	-5,34	-9,91	-6,80	-9,65	-4,97	-1,73	-35,11	-4,97	-35,11	-2,18
	6	-0,92	-5,34	-10,56	-5,34	-5,34	-13,86	-9,91	-1,73	-35,11	-12,75	-11,50	-6,80	-5,34	-35,11
3	10	-3,36	-1,73	-10,69	-37,30	-5,34	-35,11	-11,53	-1,73	-9,91	-9,66	-35,11	-11,50	-5,34	-5,34
	12	-3,36	-1,73	-10,69	-5,34	-5,34	-9,59	-11,53	-11,50	-35,11	-11,50	-11,50	-11,50	-5,34	-35,11
	14	-11,53	-1,73	-10,69	-35,11	-35,11	-35,11	-9,91	-11,50	-13,15	-6,80	-9,91	-11,50	-11,53	-35,11
Maischen		-33,94	-33,94	-33,94	-33,94	-33,94	-33,94	-33,94	$-\infty$	$-\infty$	$-\infty$	—	—	—	—
Gären		$-\infty$	$-\infty$	$-\infty$	$-\infty$	$-\infty$	$-\infty$	$-\infty$	$-\infty$	$-\infty$	$-\infty$	—	—	—	—
Joghurt		-8,78	-8,78	-8,78	-8,78	$-\infty$	$-\infty$	$-\infty$	$-\infty$	-10,69	-19,93	—	—	—	—
Abwasser		-5,62	-1,17	-1,17	$-\infty$	$-\infty$	$-\infty$	$-\infty$	$-\infty$	$-\infty$	-33,92	—	—	—	—

Tabelle 3.1: Evaluierungsergebnisse des HMM für Sensoren aus dem Laborversuch: Funktionswerte der Log-Likelihood-Funktion $h_{O,\theta}(X)$. Richtig erkannte Evaluierungsergebnisse sind grau hinterlegt. Ein Evaluierungsergebnis gilt als richtig erkannt, wenn innerhalb eines Zyklus das Evaluierungsergebnis des HMMs für Sensoren aus dem Laborversuch bei dem betrachteten Sensor größer ist als die Evaluierungsergebnisse der HMMs für die Prozesse Maischen, Gären, Joghurt und Abwasser.

Sensor						Zyklus Nr.									
Typ	Nr.	1	2	3	4	5	6	7	8	9	10	11	12	13	14
1	1	$-\infty$	$-\infty$	$-\infty$	$-\infty$	$-\infty$	$-\infty$	$-\infty$	$-\infty$	$-\infty$	$-\infty$	$-\infty$	$-\infty$	$-\infty$	$-\infty$
	2	$-\infty$	$-\infty$	$-\infty$	$-\infty$	$-\infty$	$-\infty$	$-\infty$	$-\infty$	$-\infty$	$-\infty$	$-\infty$	$-\infty$	$-\infty$	$-\infty$
	7	$-\infty$	$-\infty$	$-\infty$	$-\infty$	$-\infty$	$-\infty$	$-\infty$	$-\infty$	$-\infty$	$-\infty$	$-\infty$	$-\infty$	$-\infty$	$-\infty$
	9	$-\infty$	$-\infty$	$-\infty$	$-\infty$	$-\infty$	$-\infty$	$-\infty$	$-\infty$	$-\infty$	$-\infty$	$-\infty$	$-\infty$	$-\infty$	$-\infty$
	13	$-\infty$	$-\infty$	$-\infty$	$-\infty$	$-\infty$	$-\infty$	$-\infty$	$-\infty$	$-\infty$	$-\infty$	$-\infty$	$-\infty$	$-\infty$	$-\infty$
2	3	$-\infty$	$-\infty$	$-\infty$	$-\infty$	$-\infty$	$-\infty$	$-\infty$	$-\infty$	$-\infty$	$-\infty$	$-\infty$	$-\infty$	$-\infty$	$-\infty$
	4	$-\infty$	$-\infty$	$-\infty$	$-\infty$	$-\infty$	$-\infty$	$-\infty$	$-\infty$	$-\infty$	$-\infty$	$-\infty$	$-\infty$	$-\infty$	$-\infty$
	8	$-\infty$	$-\infty$	$-\infty$	$-\infty$	$-\infty$	$-\infty$	$-\infty$	$-\infty$	$-\infty$	$-\infty$	$-\infty$	$-\infty$	$-\infty$	$-\infty$
	11	$-\infty$	$-\infty$	$-\infty$	$-\infty$	$-\infty$	$-\infty$	$-\infty$	$-\infty$	$-\infty$	$-\infty$	$-\infty$	$-\infty$	$-\infty$	$-\infty$
	15	$-\infty$	$-\infty$	$-\infty$	$-\infty$	$-\infty$	$-\infty$	$-\infty$	$-\infty$	$-\infty$	$-\infty$	$-\infty$	$-\infty$	$-\infty$	$-\infty$
3	5	$-\infty$	$-\infty$	$-\infty$	$-\infty$	$-\infty$	$-\infty$	$-\infty$	$-\infty$	$-\infty$	$-\infty$	$-\infty$	$-\infty$	$-\infty$	$-\infty$
	6	$-\infty$	$-\infty$	$-\infty$	$-\infty$	$-\infty$	$-\infty$	$-\infty$	$-\infty$	$-\infty$	$-\infty$	$-\infty$	$-\infty$	$-\infty$	$-\infty$
	10	$-\infty$	$-\infty$	$-\infty$	$-\infty$	$-\infty$	$-\infty$	$-\infty$	$-\infty$	$-\infty$	$-\infty$	$-\infty$	$-\infty$	$-\infty$	$-\infty$
	12	$-\infty$	$-\infty$	$-\infty$	$-\infty$	$-\infty$	$-\infty$	$-\infty$	$-\infty$	$-\infty$	$-\infty$	$-\infty$	$-\infty$	$-\infty$	$-\infty$
	14	$-\infty$	$-\infty$	$-\infty$	$-\infty$	$-\infty$	$-\infty$	$-\infty$	$-\infty$	$-\infty$	$-\infty$	$-\infty$	$-\infty$	$-\infty$	$-\infty$
Maischen		0	0	0	0	0	0	0	0	0	0	—	—	—	—
Gären		$-\infty$	$-\infty$	$-\infty$	$-\infty$	$-\infty$	$-\infty$	$-\infty$	$-\infty$	$-\infty$	$-\infty$	—	—	—	—
Joghurt		$-\infty$	$-\infty$	$-\infty$	$-\infty$	$-\infty$	$-\infty$	$-\infty$	$-\infty$	$-\infty$	$-\infty$	—	—	—	—
Abwasser		$-\infty$	$-\infty$	$-\infty$	$-\infty$	$-\infty$	$-\infty$	$-\infty$	$-\infty$	$-\infty$	$-\infty$	—	—	—	—

Tabelle 3.2: Evaluierungsergebnisse des HMM für Maischen: Funktionswerte der Log-Likelihood-Funktion $h_{O,\theta}(X)$. Richtig erkannte Evaluierungsergebnisse sind grau hinterlegt. Ein Evaluierungsergebnis gilt als richtig erkannt, wenn innerhalb eines Zyklus das Evaluierungsergebnis des HMMs für Maischen aus dem Laborversuch bei dem betrachteten Sensor größer ist als die Evaluierungsergebnisse der HMMs für den Prozess aus dem Laborversuch und für die Prozesse Gären, Joghurt und Abwasser.

den, konnten mit Sicherheit dem HMM zugeordnet werden, welches für Maischen trainiert wurde.

	o_r	o_{ges}	$\frac{o_r}{o_{ges}}$
Trainingszyklen	7	45	15,6%
Evaluierungszyklen	90	105	85,7%

Tabelle 3.3: Ergebnisse der Auswertung von Tabelle 3.1

	o_r	o_{ges}	$\frac{o_r}{o_{ges}}$
Trainingszyklen	3	3	100%
Evaluierungszyklen	7	7	100%

Tabelle 3.4: Ergebnisse der Auswertung von Tabelle 3.2

3.1.3 Anwendung zur Schätzung und Adaption von Kalibrierintervallen

Aus den Zeitreihen wurden, da keine expliziten Kalibrierungen vorgenommen wurden, Kalibrierzeitreihen $\mathbf{z}_c$ erstellt (s. Abb. 3.4). Hierfür wurden aus den Perioden in pH=4 und in pH=9,2 die Kalibrierparameter Nullpunkt und Steigung gemäß den Gleichungen (1.14) und (1.15) in eingeschwungenem Zustand berechnet. So wurden für jede der 15 Elektroden Zeitreihen für Nullpunkt und Steigung $z_{c,1}$ bzw. $z_{c,2}$ erhalten, die zur Schätzung der Lebensdauer bzw. des Ausfallzeitpunkts und zur Anpassung der Kalibrierintervalle verwendet werden können. Zur Schätzung des Ausfallzeitpunkts wurden Regressionen mit den Grenzen für den Nullpunkt von $z_{k,1,ex} = 6,3$ für alle Elektroden durchgeführt. Die Ergebnisse der Regression zweiter Ordnung sind in Tabelle 3.5 dargestellt.
Zu jedem Sensor sind – aus Gründen der Übersichtlichkeit zu den Kalibrierzeitpunkten k_{Diag}=7, 11, 15, 19 sowie 23 – die prädizierten Ausfallzeitpunkte $\hat{k}_{Diag,ex}$ angegeben. Hierbei zeigt sich, dass das Verfahren in

der Lage ist, für einen Großteil der Kalibrierzeitpunkte Ausfallkalibrierzeitpunkte anzugeben. Da zum Kalibrierzeitpunkt $k_{\text{Diag}}=23$ ein Großteil der Sensoren bereits nicht mehr voll funktionsfähig war, wird zu diesem Kalibrierzeitpunkt in vier der 15 Fälle ein in der Vergangenheit liegender Kalibrierzeitpunkt als Ausfallzeitpunkt angegeben. Dies ist ein deutliches Anzeichen dafür, den Sensor nicht mehr zur Messung der Prozessparameter einzusetzen.

Da die Kalibrierparameter in ihrem Verlauf nicht dem typischen in der Literatur beschriebenen entsprechen, existieren auch Zeitpunkte k_{Diag}, zu welchen keine Schätzung des Ausfallzeitpunkts vorgenommen werden kann. Diese Fälle sind in Tabelle 3.5 mit '—' markiert. Die errechneten Ausfallzeitpunkte schwanken stark. So ergibt sich beispielsweise für Sensor 1 eine minimale Schätzung von 17,29 sowie eine maximale Schätzung von 312,95 für den Ausfallzeitpunkt. Anschaulich kann diese Entwicklung mit dem Verlauf des Kalibrierparameters Nullpunkt für Sensor 1 erklärt werden. Sensor 1 ist die erste pH-Glaselektrode, die im Verlauf des Laborversuchs ausfällt. Kurz vor dem Ausfall, zum Kalibrierzeitpunkt $k_{\text{Diag}}=19$, steigt der Nullpunkt bis auf etwa 9 an, sodass die Regressionskurve zweiter Ordnung hierdurch in ihrer Steigung beeinflusst wird. Dadurch wird der Schnittpunkt der Regressionskurve mit $z_{k,1,ex}$ für 312,95 Kalibrierungen vorhergesagt.
Die zweite Elektrode, die ausfällt, ist Sensor 11. Hier wird zu Kalibrierzeitpunkt 19 durch den Verlauf ein Ausfall bei $k_{Diag,ex}=115{,}37$ geschätzt, während sich durch den Ausfall selbst die Prognose im weiteren Verlauf trotz Funktionsunfähigkeit auf 35,38 korrigiert.

Die Diagnosezeitreihe $z_{d,1} = |z_{k,1} - z_{c,1}|$ und die Kalibrierzeitreihe $z_{c,2}$, welche die errechneten Steigungen der Elektroden enthält, wurden gemäß der Zugehörigkeitsfunktionen aus Abb. 2.16 fuzzifiziert. $z_{k,1}$ beschreibt die Regressionszeitreihe und $z_{c,2}$ die Kalibrierzeitreihe, welche die während der Diagnosezeitpunkte ermittelten Steigungen der Glaselektroden enthält.

Für die Inferenz wurde die Regelbasis aus Tabelle 3.6 verwendet, die der Regelbasis des Prozesses Maischen (Tabelle 2.12) entspricht. Es wurde diese Regelbasis gewählt, da für den Belastungsversuch weder eine Regelbasis bekannt ist noch sinnvoll angegeben werden kann. Nach Aggregation, Gl. (2.85), und Aktivierung, Gl. (2.86), die das Ergebnis der Inferenz darstellen, wurden nach der Defuzzifizierung mit Hilfe der Maximum-Methode (s. Abschnitt 2.6.3) die ursprünglichen fiktiven Kalibrierintervalle t_{cal} angepasst. Für die Defuzzifizierung wurde die Zugehörigkeitsfunktion aus Abb. 3.6(a) verwendet. Hierfür wurde für alle Sensoren ein fiktives mittleres Kalibrierintervall von 24 Stunden angenommen, was etwa der Länge eines Zyklus während des Versuchs entspricht.

Das Kennfeld des Fuzzy-Systems für die Bestimmung des Kalibrierintervalls ist in Abb. 3.6(b) dargestellt. Es ergibt sich analog zu den in Abschnitt 2.3 bereits abgebildeten Kennfeldern. Das Kennfeld ist aufgrund der gleichen Zugehörigkeitsfunktionen der Diagnoseparameter $z_{d,1}$ und $z_{d,2}$ und der symmetrischen Zugehörigkeitsfunktion für t_{cal} ebenfalls symmetrisch. Es ähnelt daher den Kennfeldern in Abb. 2.18. Tendenziell werden auch hier, da der Bereich der Farben rot, orange und gelb ausgeprägt ist, die Kalibrierintervalle eher verlängert.

Die geschätzten Kalibrierintervalle $\hat{t}_{cal}$ sind in Tabelle 3.7 für alle Sensoren aufgeführt. Hier wurde ein Basiskalibrierintervall für den vorliegenden Prozess von t_{cal}=24 h angenommen. Es wurden 24 Stunden angesetzt, da sich die zur Kalibrierung verwendeten Schritte des Prozesses in diesem Intervall wiederholen.

Hier zeigt sich ein minimales geschätztes Kalibrierintervall von $\hat{t}_{cal}$=21,12 Stunden, sowie ein maximales geschätztes Kalibrierintervall von $\hat{t}_{cal}$=30,76 Stunden. Diese neuen Kalibrierintervalle sind von den Kalibrierparametern $\mathbf{z}_c$ sowie von den Diagnoseparametern $\mathbf{z}_d$ abhängig. Da die Kalibrierparameter in ihren Verläufen nicht den Erwartungen entsprechen, sind die Abweichungen von der Regressionskurve als sehr hoch bewertet worden. Damit stellen sich, entgegen der prinzipiellen Einschätzung des Kennfeldes, eher kleinere Kalibrierintervalle ein.

3.1.4 Bewertung

In Abschnitt 3.1.2 wurde die Funktionsweise des neuen Konzepts anhand von Labordaten gezeigt, die in einem Versuch zur Alterung elektrochemischer Sensoren gewonnen worden. Hierin zeigte sich, dass das System geeignet ist, chemische und verfahrenstechnische Prozesse zu identifizie-

Sensor			k_{Diag}				
Typ	Nr.	$z_{k,1,ex}$	7	11	15	19	23
	1		17,56	17,29	21,84	312,95	64,95
	2		17,56	12,99	18,57	—	121,35
1	7	6,3	2,75	15,05	19,84	—	90,12
	9		—	15,12	19,67	—	—
	13		27,05	17,48	21,85	33,14	14,60
	3		37,16	18,74	22,97	34,28	38,29
	4		8,72	14,23	17,16	—	46,44
2	8	6,3	—	15,97	19,99	—	18,49
	11		9,62	16,12	17,79	115,37	35,38
	15		18,32	20,16	21,44	37,49	58,81
	5		—	15,97	18,89	92,34	40,25
	6		20,18	465,69	22,12	34,17	33,89
3	10	6,3	8,82	15,50	18,97	17,94	17,00
	12		—	17,89	20,74	36,96	105,45
	14		—	15,43	19,64	—	66,91

Tabelle 3.5: Ergebnisse der Regression $\hat{k}_{Diag,ex}$. $z_{k,1,ex}$ bezeichnet die Ausfallgrenze des Kalibrierparameters Nullpunkt in der vorliegenden Zeitreihe. Für '—' konnte kein Ausfallzeitpunkt bestimmt werden.

		$z_{d,1}$				
		SK	K	M	H	SH
	SK	SK	SK	K	SK	SK
	K	SK	M	H	M	SK
$z_{c,2}$	M	K	H	SH	H	K
	H	SK	M	H	M	SK
	SH	SK	SK	K	SK	SK

Tabelle 3.6: Regelbasis für den Laborversuch. Die Regelbasis ist mit der Regelbasis des Prozesses Maischen (Tabelle 2.12) identisch.

| Sensor | | | k_{Diag} | | | | |
Typ	Nr.	t_{cal}	7	11	15	19	23
	1		21,47	21,47	21,47	29,66	29,64
	2		21,59	21,59	21,59	21,59	31,17
1	3	24	21,38	21,38	21,38	21,38	21,38
	4		21,17	21,17	21,17	21,17	21.17
	5		21,22	21,22	23,60	29,51	27,65
	6		21,21	21,21	28,16	24,26	28,47
	7		21,39	21,39	21,39	21,39	21,39
2	8	24	21,17	21,17	21,17	21,17	21,17
	9		21,55	21,55	21,55	21,55	30,76
	10		21,17	21,12	21,12	22,35	21,12
	11		21,12	21,12	21,12	21,12	21,12
	12		21,60	21,12	24,30	21,12	21,12
3	13	24	21,56	21,56	21,56	21,56	21,56
	14		21,12	21,12	21,12	21,12	21,12
	15		21,26	21,26	21,26	21,26	21,26

Tabelle 3.7: Neue geschätzte Kalibrierintervalle $\hat{t}_{cal}$

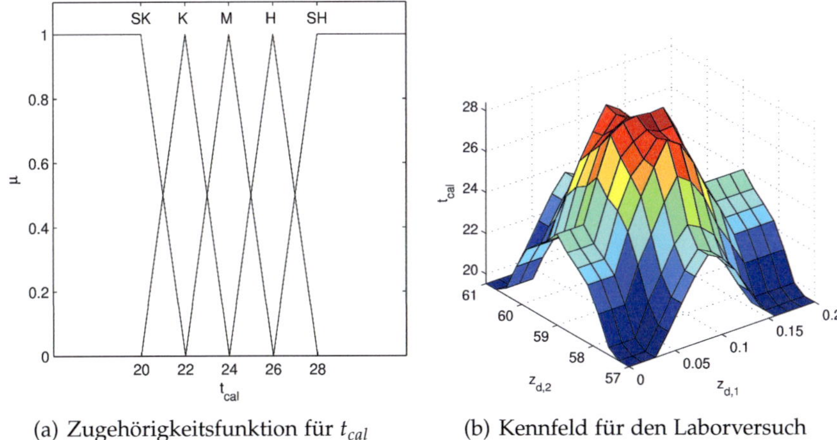

(a) Zugehörigkeitsfunktion für t_{cal} (b) Kennfeld für den Laborversuch

Abbildung 3.6: Zugehörigkeitsfunktion und Kennfeld für den Laborversuch

ren. Dafür wurden die in den Zeitreihen der Prozessdaten $\mathbf{z}_p$ enthaltenen Datentupel, die einen Prozessraum aufspannen, geclustert. Die aus dem Ergebnis des Clusterns wieder gewonnenen Zeitreihen aus Clusterzugehörigkeiten $z_{Cluster}$ enthalten Zyklen und Oszillationen. Diese Zyklen wurden erkannt und von Oszillationen befreit. Mit den so gewonnenen zyklenfreien Zeitreihen aus Clusterzugehörigkeiten $z_{Cluster,red}$ wurden Hidden-Markov-Modelle trainiert. Eine anschließende Evaluierung zeigte, dass das System in der Lage ist, die Zyklen zu identifizieren. Es ist auf Basis der Auswertung der Evaluierungszyklen 4 bis 10 in der Lage, den Prozess aus dem Laborversuch in 85,7% der Fälle zu erkennen. Im Fall der Trainingszyklen konnten nur 15,6% der Zyklen richtig erkannt werden. Den so erkannten Prozessen wurde die Basiskalibrierzeit von t_{cal}=24h zugewiesen. Eine Regression des Kalibrierparameters $z_{c,1}$ führte einerseits auf eine Regressionskurve und auf die Diagnosezeitreihe $z_{d,1}$. Damit konnte die Funktionsfähigkeit des Systems zur Prädiktion des Ausfallzeitpunkts und zur Adaption der Kalibrierintervalle mit Hilfe von Mamdani-Fuzzy-Systemen nachgewiesen werden.

Auf Basis der vorhandenen Daten konnte die Funktionsfähigkeit des neuen Konzepts demonstriert werden. Schwächen des Verfahrens zur Prädiktion sind insbesondere dort zu sehen, wo ein Ausfall nicht rechtzeitig vorhergesagt werden konnte. Rückschlüsse auf die allgemeine Funktionsfähigkeit und Tauglichkeit des Systems können hieraus aber nicht abgeleitet werden, da die Verläufe der Kalibrierparameter atypisch ausgeprägt sind.

Umfangreichere Versuche, die zu größeren Datensätzen mit differenzierten Prozessen führen, können die Genauigkeit und die Zuverlässigkeit der Identifikation erhöhen.

3.2 Anwendung des Konzepts auf einen realen Datensatz

Im Folgenden wird das neue Konzept auf einen realen Datensatz angewandt. Dieser Datensatz wird in Abschnitt 3.2.1 beschrieben. Die Anwendung des neuartigen Verfahrens zur Ermittlung des Ausfallzeitpunkts und zur Adaption der Kalibrierintervalle folgt in Abschnitt 3.2.2. Das neue Teilsystem zur Prozesserkennung kommt hier nicht zur Anwendung, da der Datensatz keine Prozessdaten, sondern nur Kalibrierdaten enthält.

Eine abschließende Bewertung erfolgt in Abschnitt 3.2.3.

3.2.1 Beschreibung des Datensatzes

Der reale Datensatz beinhaltet die Kalibrierdaten von insgesamt 158 Sensoren als Zeitreihen. Zu den bei den Kalibrierungen ermittelten Daten gehören

- Nullpunkt,

- Steigung,

- Nullpunkt-Differenz,

- Steigung-Differenz,

- Anzahl Sterilisationen,

- maximale Betriebstemperatur,

- Einsatz > 80°C in [h],

- Einsatz > 100°C in [h],

- Einsatz < -300 mV in [h],

- Einsatz > 300 mV in [h],

- Seriennummer des verwendeten Messumformers.

Die Parameter Nullpunkt und Steigung wurden während Kalibrierungen k_{Diag} ermittelt und stellen die Kalibrierzeitreihen $z_{c,1}$ bzw. $z_{c,2}$ dar. Daraus werden die Zeitreihen Nullpunkt-Differenz $z_{d,1}$ und Steigung-Differenz $z_{d,2}$ gemäß

$$z_{d,1}[k_{\text{Diag}}] = z_{c,1}[k_{\text{Diag}}] - z_{c,1}[k_{\text{Diag}} - 1] \qquad (3.3)$$

und

$$z_{d,2}[k_{\text{Diag}}] = z_{c,2}[k_{\text{Diag}}] - z_{c,2}[k_{\text{Diag}} - 1] \qquad (3.4)$$

abgeleitet. Die restlichen Zeitreihen, die als Eingangsgrößen einer einfachen Diagnosefunktionalität dienen, enthalten keine verwertbaren Daten, da die Sensoren nicht in Umgebungen betrieben wurden, welche auswertbare Zeitreihenelemente erzeugen würden.

Die Sensoren, deren Kalibrierdaten im Datensatz enthalten sind, können in drei verschiedene Sensortypen eingeteilt werden. Typ 1 und Typ 2 wurden in einem chemischen Prozess zur Überwachung der Qualität von Schwefelsäure (pH $\approx$ 11, T $\approx$ 65°C) verwendet, Typ 3 zur Überwachung von industriellem Abwasser auf Verunreinigungen durch austretende Säuren oder Laugen. Dieses Abwasser hat eine ganzjährig etwa gleichbleibende Temperatur von T $\approx$ 10°C und einen im störungsfreien Fall konstanten pH-Wert von pH=7.

Eine Übersicht über die im Datensatz enthaltenen Sensortypen, den zugehörigen Sensorgruppen und die diesen zugeordnete Anzahl von Sensoren ist in Tabelle 3.8 ersichtlich. Sensoren eines Sensortyps sind von gleicher Bauart, untereinander unterscheiden sich Sensoren, die zu einem Sensortyp, aber zu verschiedenen Sensorgruppen gehören, bezüglich einiger Bauteile. Diese Bauteile sind beispielsweise das Glas der Glasmembran oder das Material des Diaphragmas. Diese Unterschiede ermöglichen die Auswahl eines an die Anforderungen des Prozesses angepassten Sensors. Der Datensatz enthält sowohl die Daten von Sensoren, die zum Zeitpunkt der Übermittlung des Datensatzes bereits nicht mehr im Einsatz waren, als auch Daten aktiver Sensoren.

Der Kalibrierprozess von Sensoren in Prozessumgebungen läuft ähnlich ab wie der von Sensoren im Laboreinsatz. Ist ein Sensor zu kalibrieren, wird er aus dem Prozess entnommen. Danach wird er in ein Kalibrierlabor gebracht und durchläuft die in Abschnitt 1.2.1 beschriebene Kalibrierprozedur zur Ermittlung der Kalibrierparameter $\mathbf{z}_c$ sowie der Diagnoseparameter $\mathbf{z}_d$. Bei den Sensortypen 1 und 2 liegt zwischen zwei Kalibrierungen ein Zeitraum von etwa drei Tagen, sodass t_{cal}=72h. Sensoren vom Typ 3 werden in der Regel nach etwa sieben Tagen erneut kalibriert, danach ist t_{cal}=168h.

Die für die Anwendung des Verfahrens wichtigen Parameter Nullpunkt und Steigung ($z_{c,1}$ bzw. $z_{c,2}$) sind für die Sensortypen 1 und 2 in Abb. 3.7 (a), für Sensortyp 3 in Abb. 3.7 (b) dargestellt.

3.2.2 Anwendung

Das Verfahren wurde auf alle Sensoren im Datensatz angewendet. Auf Grund des Umfangs des Datensatzes von 158 Sensoren wurden neun Sensoren zufällig ausgewählt, an deren Beispiel die Funktionsfähigkeit exemplarisch demonstriert wird.

Bei den ausgewählten Sensoren handelt es sich um drei Sensoren vom Typ 1, einen Sensor vom Typ 2, sowie fünf Sensoren vom Typ 3. Eine Regression nach dem Verfahren aus Abschnitt 2.6.2 für die Zeitreihen, die die Kalibrierdaten $z_{c,1}$ zu den Kalibrierzeitpunkten k_{Diag} enthalten, wurde durchgeführt. Die Ergebnisse dieser Regression, bei der die Regressionszeitreihen $z_{k,1}$ ermittelt wurden, sind in Tabelle 3.11 dargestellt. In dieser Tabelle sind die Regressionsergebnisse, die geschätzten Ausfallka-

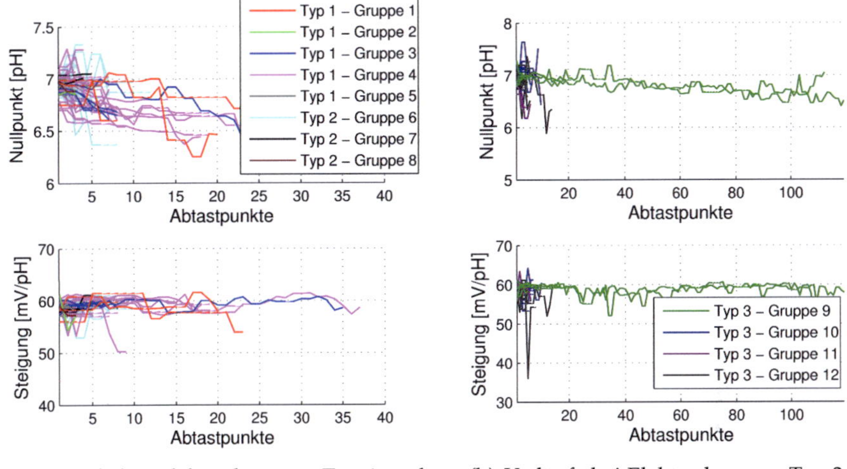

(a) Verläufe bei Elektroden vom Typ 1 und 2

(b) Verläufe bei Elektroden vom Typ 3

Abbildung 3.7: Verlauf von Nullpunkt und Steigung im realen Datensatz

Sensortyp	Sensorgruppe	Anzahl
	1	3
	2	1
1	3	5
	4	36
	5	5
	6	59
2	7	6
	8	1
	9	5
3	10	28
	11	6
	12	26

Tabelle 3.8: Sensoren im Datensatz

librierzeitpunkte $\hat{k}_{Diag,ex}$ zu den Kalibrierzeitpunkten $k_{\text{Diag}} = 2$, $k_{\text{Diag}} = 4$, $k_{\text{Diag}} = 6$, $k_{\text{Diag}} = 8$, $k_{\text{Diag}} = 12$, $k_{\text{Diag}} = 16$, $k_{\text{Diag}} = 20$, $k_{\text{Diag}} = 25$, $k_{\text{Diag}} = 30$ und $k_{\text{Diag}} = 35$ aufgeführt, jedoch höchstens bis zum letzten in der Kalibrierzeitreihe enthaltenen Kalibrierzeitpunkt K_{Diag}. Da eine Regression bis zum zweiten Kalibrierzeitpunkt $k_{\text{Diag}} = 2$ nicht sinnvoll ist, wurden diese Ergebnisse in Tabelle 3.11 bis auf eine Ausnahme (Sensorgruppe 2, Sensor 1) nicht berücksichtigt. Die Ausnahme begründet sich dadurch, dass für diesen Sensor nur drei Kalibrierzeitpunkte vorliegen, sodass $K_{\text{Diag}} = 3$ und somit eine Regression zum vierten Kalibrierzeitpunkt $k_{\text{Diag}} = 4$ nicht möglich ist.

In Tabelle 3.11 zeigt sich, dass das Verfahren in der Lage ist, eine Regression bis auf zwei Ausnahmen (bei $k_{\text{Diag}}=4$) während jedes Kalibriervorgangs durchzuführen und dem Anwender eine Information über einen möglichen Ausfall des Sensors zur Verfügung zu stellen. Die Ausnahmen sind dadurch begründet, dass die Werte der ersten Elemente dieser betroffenen Kalibrierzeitreihen $z_{c,1}$ tendenziell ansteigen.

Für die Sensoren der Gruppe 1 zeigt sich, dass die prädizierten Ausfallkalibrierzeitpunkte dem letzten in der Kalibrierzeitreihe vorhandenen Kalibrierzeitpunkt K_{Diag} sehr nahe kommen. Somit kann davon ausgegangen werden, dass diese Elektroden bereits ausgefallen sind oder in naher Zukunft ausfallen werden.

Gleiches gilt für den Sensor vom Typ 2: der prädizierte Ausfallzeitpunkt $\hat{k}_{Diag,ex}[k_{\text{Diag}} = 2]$ liegt sehr nahe beim letzten in der Kalibrierzeitreihe $z_{c,1}$ vorhandenen Kalibrierzeitpunkt K_{Diag}, sodass auch hier davon ausgegangen werden muss, dass der Sensor bereits bei der dritten Kalibrierung $k_{\text{Diag}} = 3$ ausgetauscht wurde.

Genaue Informationen darüber, ob der jeweilige Sensor noch intakt ist, sind nicht verfügbar.

Für Sensortyp 3 gelten für die Sensoren 1, 2 und 5 ähnliche Annahmen. Hier liegt der prädizierte Kalibrierzeitpunkt $\hat{k}_{Diag,ex,2}$ nahe beim letzten in der Kalibrierzeitreihe vorhandenen Kalibrierzeitpunkt K_{Diag}. Es ist deswegen davon auszugehen, dass auch diese Sensoren bereits nicht mehr aktiv sind und ausgetauscht wurden.

Zur Adaption der Kalibrierintervalle werden die ursprünglichen Kalibrierintervalle der Sensoren in ihren Prozessen von 72 Stunden (Sensortypen 1 und 2) bzw. 168 Stunden (Sensortyp 3) zu Grunde gelegt. Diese Annahmen wurden getroffen, da die Ableitung des Kalibrierintervalls nicht aus der Identifikation des Prozesses erfolgen kann.

Für die Anwendung werden die Diagnoseparameter Steilheit $z_{c,2}$ und Abweichung von der Regressionszeitreihe $z_{d,3}$ verwendet. Es gilt $z_{d,3} = \|z_{k,1} - z_{c,1}\|$ mit der Regressionszeitreihe $z_{k,1}$ und der Zeitreihe $z_{c,1}$, die den während der Kalibriervorgänge ermittelten Kalibrierparameter Nullpunkt enthält. Diese Größen werden wie in Abb. 2.16 fuzzifiziert. Die Interferenz geschieht unter Zuhilfenahme der Regelbasen aus Tabelle 3.9 für die Sensortypen 1 und 2 bzw. aus Tabelle 3.10 für Sensortyp 3. Für die Sensortypen 1 und 2 wurde eine an den Prozess Gären angelehnte willkürlich aufgestellte Regelbasis (Tabelle 3.9) verwendet, für Sensortyp 3 wurde die gleiche Regelbasis wie für den Prozess Abwasser im Benchmarkdatensatz (Tabelle 3.10) herangezogen, da es sich um einen Prozess mit großer Ähnlichkeit handelt.

Die Defuzzifizierung nach der Maximum-Methode (s. Abschnitt 2.6.3) führt unter Zuhilfenahme der Zugehörigkeitsfunktionen aus Abb. 3.8 zu den angepassten Kalibrierintervallen $\hat{t}_{cal}$, die auf den ursprünglichen Basiskalibrierintervallen t_{cal} basieren. Die so erzielten Ergebnisse sind in Tabelle 3.11 aufgeführt. K_{Diag} bezeichnet in der Tabelle die Anzahl der in der Kalibrierzeitreihe vorliegenden Kalibrierzeitpunkte. Der Ausfallzeitpunkt ist bis zu K_{Diag} angegeben. Allgemein ist es nicht sinnvoll, bereits für zwei Punkte einer Zeitreihe eine Regression durchzuführen, da das Ergebnis die Verlängerung der durch die beiden Punkte verlaufenden Geraden bedeuten würde. Deswegen wurde die Regression in der Regel erst ab $k_{\text{Diag}}=4$ durchgeführt. Die Ausnahme bildet die pH-Glaselektrode der Gruppe 2, deren Kalibrierzeitreihe nur aus drei Kalibrierzeitpunkten besteht. Da für diese Glaselektrode sonst keine Schätzung durchgeführt worden wäre, ist in Tabelle 3.5 auch eine Schätzung zum zweiten Kalibrierzeitpunkt $k_{\text{Diag}}=2$ vorgenommen worden. Die angepassten Kalibrierintervalle sind in Tabelle 3.12 dargestellt. Hier kann direkt abgelesen werden, dass für die Sensortypen 1 und 2 Kalibrierintervalle $\hat{t}_{cal}$ zwischen 63,36h und 89,82h geschätzt wurden. Für Sensortyp 3 wurden Kalibrierintervalle $\hat{t}_{cal}$ zwischen 132,9h und 218,39h geschätzt. Diese Kalibrierin-

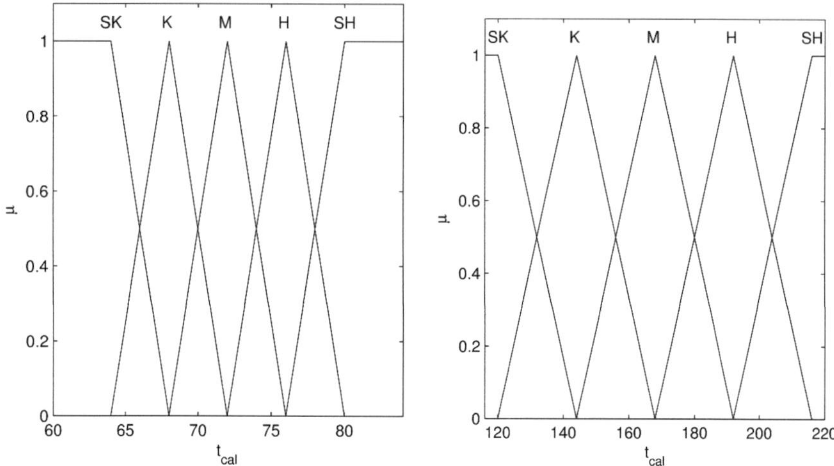

(a) Zugehörigkeitsfunktion für t_{cal} (Sensor- typen 1 und 2)

(b) Zugehörigkeitsfunktion für t_{cal} (Sensor- typ 3)

Abbildung 3.8: Zugehörigkeitsfunktion für t_{cal} für die Sensortypen 1, 2 und 3

tervalle $\hat{t}_{cal}$ sind von den Kalibrierparametern $z_{c,2}$ und den abgeleiteten Diagnoseparametern $z_{d,3}$ abhängig.

		$z_{c,2}$				
		SK	K	M	H	SH
	SK	SK	SK	K	SK	SK
	K	SK	M	M	M	SK
$z_{d,3}$	M	K	M	H	M	K
	H	SK	M	M	M	SK
	SH	SK	SK	K	SK	SK

Tabelle 3.9: Regelbasis für die Sensortypen 1 und 2

		$z_{c,2}$				
		SK	K	M	H	SH
	SK	SK	K	M	K	SK
	K	K	H	SH	H	K
$z_{d,3}$	M	M	SH	SH	SH	M
	H	K	H	SH	H	K
	SH	SK	K	M	K	SK

Tabelle 3.10: Regelbasis für Sensortyp 3

Sensor Gruppe	Nr.	K_{Diag}	k_{Diag} 2	4	6	8	12	16	20	25	30	35
1	1	20	–	8,11	12,01	109,56	14,59	16,08	19,63			
1	2	23	–	—	11,37	10,69	18,00	21,72	26,63			
1	3	8	–	—	6,55	6,63						
2	1	3	4,83									
3	1	6	–	6,72	9,89							
3	2	7	–	8,72	8,53							
3	3	8	–	5,15	7,96	13,37						
3	4	8	–	4,91	8,43	39,09						
3	5	35	–	7,84	10,99	15,43	39,68	22,42	25,13	27,02	61,83	35,92

Tabelle 3.11: Ergebnisse $\hat{k}_{Diag,ex}$ der Regression

Sensor Gruppe	Nr.	t_{cal} in [h]	k_{Diag} 2	4	6	8	12	16	20	25	30	35
1	1		63,36	63,36	63,36	63,36	63,36	63,36	63,36			
1	2	72	63,36	63,36	63,36	63,36	63,36	63,36	64,53			
1	3		63,79	63,79	63,79	89,82						
2	1	72	63,36									
3	1		173,09	173,09	173,09							
3	2		168,60	168,60	168,60							
3	3	168	158,01	158,01	158,01	158,01						
3	4		132,90	132,90	132,90	132,90						
3	5		170,64	170,64	170,64	170,64	170,64	170,64	170,64	174,77	170,64	218,39

Tabelle 3.12: Geschätzte Kalibrierintervalle $\hat{t}_{cal}$ für den realenDatensatz

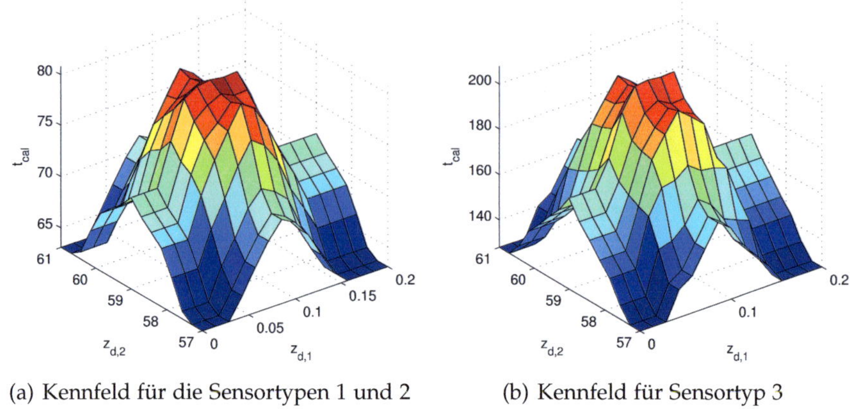

(a) Kennfeld für die Sensortypen 1 und 2   (b) Kennfeld für Sensortyp 3

Abbildung 3.9: Kennfelder für die Sensortypen 1, 2 und 3

3.2.3 Bewertung

In Abschnitt 3.2.2 wurde die Funktionsweise des neuen Konzepts anhand realer Kalibrierdaten gezeigt. Hierin zeigte sich, dass das System geeignet ist, die Lebensdauer bzw. den Ausfallzeitpunkt auf Grund der Kalibrierparameter zu schätzen. Weiter konnte gezeigt werden, dass die Länge der Basiskalibrierintervalle anhand der bei den Kalibrierungen bestimmten Kalibrier- und Diagnoseparameter adaptiert werden kann.

Auf Basis der vorhandenen Daten konnte die Funktionsfähigkeit des neuen Konzepts demonstriert werden. Umfangreiche Versuche sollten darauf ausgerichtet werden, die Einflüsse adaptierter Kalibrierintervalle auf zukünftige Kalibrierdaten zu untersuchen.

3.3 Zusammenfassung

In diesem Kapitel wurde das in Kapitel 2 eingeführte neue Verfahren zur Diagnose elektrochemischer Sensoren auf zwei Datensätze angewendet. Der erste Datensatz (Abschnitt 3.1) wurde in einem Laborversuch gewonnen, der darauf ausgerichtet war, die eingesetzten pH-Glaselektroden möglichst schnell zum Ende der Lebensdauer zu führen. Aus diesem Datensatz, der Prozessdaten enthält, konnte ein Kalibrierdatensatz erzeugt werden. Mittels dieses Datensatzes konnte gezeigt werden, dass das neue Konzept zur Diagnose geeignet ist, den Prozess zu erkennen und daraus für die Kalibrierung der Glaselektrode Basiskalibrierintervalle t_{cal} zuzuordnen. Diese Basiskalibrierintervalle können auf Grund der während der Kalibrierungen ermittelten Kalibrierparameter und der abgeleiteten Diagnoseparameter dem tatsächlichen Zustand der Glaselektroden anpassen. Ebenso konnte die Lebensdauer bestimmt werden.

Der zweite Datensatz wurde in realen Prozessen gewonnen und beinhaltet Kalibrierdaten von 158 Sensoren, welche in zwei unterschiedlichen Prozessen eingesetzt wurden.

Es konnte anhand von neun zufällig ausgewählten Sensoren dieses Datensatzes demonstriert werden, dass auch in diesem Fall das neue Konzept im Stande ist, die Kalibrierintervalle zu bestimmen. Durch Regression wurde die Reststandzeit geschätzt. Anhand der ermittelten Kalibrier- und daraus abgeleiteten Diagnoseparameter konnte die Adaption der Basiskalibrierintervalle veranschaulicht werden.

4 Neues Fehlermodell für pH-Glaselektroden

Im vorliegenden Kapitel wird, um die bereits erläuterten oder beobachteten Effekte auf die Prozess- und Kalibrierparameter einer pH-Glaselektrode beschreiben und nachvollziehen zu können, ein neues Fehlermodell für pH-Glaselektroden vorgestellt. Bisherige Arbeiten [12, 33, 39, 123, 143] konnten die Frage der Alterung von pH-Glaselektroden noch nicht ausreichend erklären. In Abschnitt 4.1 wird der Einfluss alterungssensitiver Teile des Sensors im statischen Fall untersucht, um den Einfluss verschiedener Faktoren auf das Verhalten des Systems Glaselektrode zu zeigen und die Annahmen bei der Erstellung der Benchmarkdatensätze in Kapitel 2 zu bestätigen.

Der statische Fall umfasst eingeschwungene und quasistationäre Vorgänge, die beispielsweise zum Ende eines Kalibriervorgangs von Glaselektroden vorliegen. Abschnitt 4.2 beschäftigt sich mit dem Einfluss alterungssensitiver Teile des Sensors auf das dynamische Verhalten. Der zeitliche Rahmen des dynamischen Verhaltens erstreckt sich bis auf einige Minuten nach der Änderung von pH-Wert oder Temperatur des Messmediums. Das dynamische Verhalten wird im Prozess unmittelbar nach der Änderung der Prozessvariablen deutlich. Ebenso lässt sich das dynamische Verhalten bei der Kalibrierung im nicht eingeschwungenen Zustand beim Eintauchen in eine Kalibrierlösung und wenige Minuten danach beobachten.

Abschließend folgt in Abschnitt 4.3 eine Zusammenfassung und Bewertung des statischen und des dynamischen Fehlermodells.

4.1 Neues statisches Fehlermodell

Das neue statische Fehlermodell wird zum Zweck der Erklärung statischer Alterungseffekte bei pH-Glaselektroden aufgestellt. Bisherige Arbeiten [12, 33, 39, 123, 143] konnten die Darstellung statischer Alterungseffekte nicht ausreichend erbringen. Hierfür wird das bereits in Abschnitt 1.2.1 eingeführte Ersatzschaltbild verwendet. Da als Fehlerquellen sowohl die Glasmembran als auch die Verunreinigung des Referenzelektrolyten (s. Abschnitt 1.2.1) in Betracht kommen, wird zum einen der Widerstand der Glasmembran und zum anderen der pH-Wert des Elektrolyten der Referenzhalbzelle betrachtet, um die statische Alterung einer pH-Glaselektrode zu modellieren. An den Kalibrierparametern lassen sich die Auswirkungen des statischen Fehlermodells erkennen. Die Auswirkungen der Einflussgrößen des statischen Fehlermodells werden im angezeigten Messwert des Sensors nicht sichtbar, da bei der Umrechnung der Prozessparameter bereits die aktuellen Kalibrierparameter berücksichtigt wurden.

Als weiterer Einflussfaktor im Modell werden die in Abschnitt 1.2.1 vernachlässigten Diffusionspotentiale eingeführt. Alle Untersuchungen wurden bei Standardbedingungen (T=25°C) durchgeführt. Zuerst wird in Abschnitt 4.1.1 der Einfluss der Änderung des Widerstands der Glasmembran auf die Kalibrierparameter gezeigt. Danach wird in Abschnitt 4.1.2 der Einfluss von Fremdionen im Elektrolyten der Referenzhalbzelle untersucht. Weiter folgt in Abschnitt 4.1.3 die Untersuchung des Einflusses von Diffusionspotentialen auf die Kalibrierparameter. Abschließend folgt in Abschnitt 4.1.4 eine Bewertung des statischen Fehlermodells.

4.1.1 Einfluss des Widerstands der Glasmembran

Die Glasmembran einer pH-Glaselektrode ist das sensitive Element, durch welches erst eine Messung des pH-Werts möglich wird. Das Glas, aus welchem die Membran besteht, ist jedoch natürlicher Alterung unterworfen. Die Alterung der Glasmembran einer pH-Glaselektrode beginnt schon mit der Herstellung der Membran und wird durch die Umgebungsbedingungen mehr oder weniger stark beschleunigt. Zur Untersuchung des

Einflusses des Widerstands der Glasmembran werden die Gleichungen (1.5) und (1.13) verwendet und der Widerstand der Glasmembran R_L in zehn Alterungsstufen gemäß Tabelle 4.1 variiert. Die getroffene Annahme ergibt sich aus [64] (s. Tabelle 1.2).

Alterungsstufe k_{Diag}	R_L [MΩ]	pH$_{\text{Elektrolyt}}$
1	10	7,00
2	20	6,85
3	30	6,70
4	40	6,55
5	50	6,40
6	60	6,25
7	70	6,10
8	80	5,95
9	90	5,80
10	100	5,65

Tabelle 4.1: Parameter des statischen Fehlermodells

Der Glaswiderstand R_L bewegt sich innerhalb realistischer Grenzen nach Abschnitt 1.2.1, für den Eingangswiderstand des Messumformers wurde $R_T = 10$ TΩ gewählt. Aus Gleichung (1.5) resultiert, dass ein steigender Glaswiderstand nicht mehr die gesamte Spannung der Glaselektrode am Messumformer abfallen lässt. Damit ist der Betrag der gemessenen Spannung kleiner als der Betrag der gesamten realen Spannung der Elektrode. Der Kalibrierparameter Steigung wird dadurch direkt beeinflusst; je größer der Widerstand der Glasmembran wird, umso kleiner wird die Steigung der Kalibriergeraden der Glaselektrode. Der Zusammenhang ist auch in Abb. 4.1(a) illustriert. Hier kann sehr gut erkannt werden, dass der Kalibrierparameter Nullpunkt von einem sich verändernden Widerstand der Glasmembran nicht beeinflusst wird, der Kalibrierparameter Steigung jedoch proportional zur Änderung des Widerstands der Glasmembran R_L abnimmt.

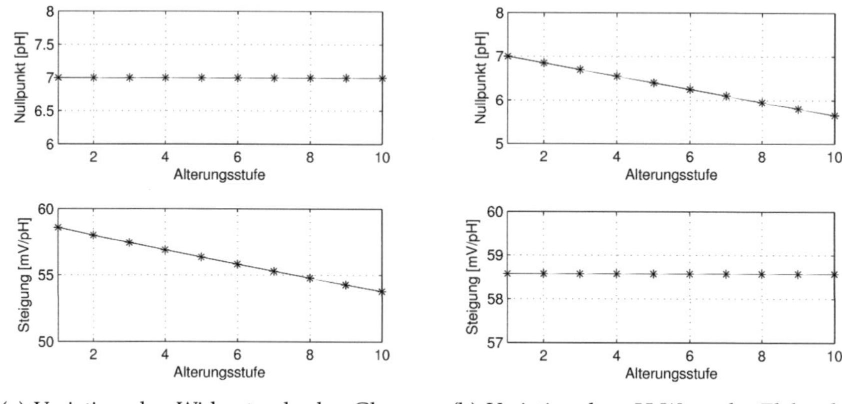

(a) Variation des Widerstands der Glasmembran

(b) Variation des pH-Werts des Elektrolyten der Referenzhalbzelle

Abbildung 4.1: Verlauf von Nullpunkt und Steigung der Glaselektrode mit Parametern aus Tabelle 4.1

4.1.2 Einfluss von Fremdionen im Elektrolyten der Referenzhalbzelle

Da jede Glaselektrode ein Diaphragma benötigt, durch welches Elektronen wandern können, um einen geschlossenen Stromkreis zu gewährleisten, gelangen durch das Diaphragma hindurch auch Fremdionen in den Elektrolyten der Referenzhalbzelle.

Die Aufnahme von Fremdionen geschieht bedingt durch das Messprinzip und lässt sich nicht prinzipiell verhindern. Es handelt sich bei der Aufnahme von Fremdionen um einen Ausgleichsvorgang, mit dem das chemische Gleichgewicht zwischen dem Medium und dem Elektrolyten hergestellt werden soll. Der Ausgleichsvorgang kann nur durch den Einsatz eines geeigneten, d.h. an den Prozess angepassten, Diaphragmenmaterials verlangsamt werden.

Die Anwesenheit von Fremdionen im Elektrolyten der Referenzhalbzelle ist von entscheidender Bedeutung für die Messgenauigkeit. Nimmt die Anzahl an Fremdionen zu, verändert sich der pH-Wert des Elektrolyten. Da es sich jedoch um eine Pufferlösung handelt, wird der Einfluss frem-

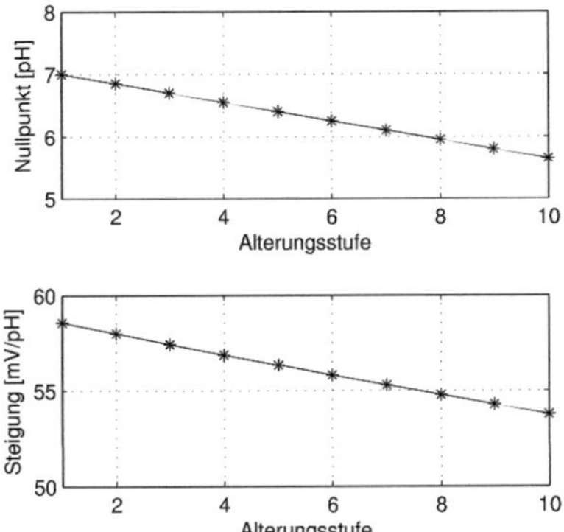

Abbildung 4.2: Verlauf von Nullpunkt und Steigung im Fall der Zunahme des Glaswiderstands und einer Zunahme von Fremdionen im Referenzelektrolyten. Die Verläufe ergeben sich aus Abb. 4.1 (b) (oben) und aus Abb. 4.1 (a) (unten).

der Ionen stark gedämpft, da eine Pufferlösung die Fähigkeit besitzt, eine große Anzahl Fremdionen aufnehmen zu können, ohne dabei ihren pH-Wert wesentlich zu verändern.

Die Variation der Konzentration von Fremdionen und damit des pH-Werts des Elektrolyten der Referenzhalbzelle wurde gemäß Tabelle 4.1 durchgeführt. In Abb. 4.1 (b) ist der Verlauf des Nullpunkts anschaulich illustriert. Der Abfall des Nullpunkts resultiert aus der Anwesenheit von Fremdionen im Elektrolyten der Referenzhalbzelle. Aus den Abbildungen 4.1 (a) und 4.1 (b) wird deutlich, dass sowohl eine Variation des Widerstands der Glasmembran als auch eine Variation der Konzentration von Fremdionen im Elektrolyten der Referenzhalbzelle jeweils nur die Steigung bzw. den Nullpunkt der Glaselektrode beeinflusst. Der jeweils andere Kalibrierparameter bleibt unverändert. Um den Einfluss von Diffusionspotentialen auf die Kalibrierparameter Nullpunkt und Steigung zu untersuchen, werden die Variationen des Widerstands der Glasmembran und der Konzentration von Fremdionen im Elektrolyten der Referenzhalbzelle gemäß Abb. 4.1 (a) und 4.1 (b) kombiniert. Die Verläufe von Nullpunkt und Steigung überlagern sich wie in Abb. 4.2 dargestellt.

4.1.3 Einfluss von Diffusionspotentialen

Der Einfluss von Diffusionspotentialen darf bei der pH-Messung und bei der Kalibrierung von Glaselektroden im Labor nicht vernachlässigt werden. Diffusionspotentiale entstehen am Diaphragma durch einen Konzentrationsgradienten von Ionen zwischen dem Referenzelektrolyten und dem Medium, in dem die Elektrode eingesetzt wird. Der Gradient entsteht durch die Wanderung solcher Ionen in das Diaphragma und weiter in den Referenzelektrolyten. Das tatsächliche Diffusionspotential hängt dabei während des Einsatzes im Medium vom Medium selbst ab. Während einer Kalibrierung wird das Diffusionspotential durch die Lagerung der Elektrode in Kaliumchlorid wieder neutralisiert. Die Neutralisierung wird durch die Umkehrung der Wanderung der Fremdionen aus dem Elektrolyten heraus in die Kaliumchloridlösung außerhalb der Glaselektrode verursacht. Je länger die Lagerung, die sogenannte Konditionierung, durchgeführt wird, umso weiter schreitet die Neutralisation des Diffusionspotentials voran. Bei einer kurzen Konditionierung ist das Diffusionspotential noch nicht vollständig neutralisiert, sodass Fehler bei der Kalibrierung wahrscheinlich werden. Für das Fehlermodell wurden die bereits untersuchten Einflüsse durch die Zunahme des Widerstands der Glasmembran und die Zunahme vom Fremdionen im Elektrolyten kombiniert. Auf die während einer Kalibrierung erhaltene Gesamtspannung U_S wurden sowohl für U_S im ersten Puffer (pH=4) als auch für U_S im zweiten Puffer (pH=9,2) zufällige Diffusionspotentiale E_5 aus dem Intervall $E_5 \in [-30 \text{ mV}; 30 \text{ mV}]$ gemäß Gl. (1.3) addiert, um eine nicht vollständig durchgeführte Konditionierung, fortgeschrittene Alterung oder Medienwechsel zu simulieren. Das Ergebnis ist in Abb. 4.3 dargestellt.

Aus der Simulation der Anwesenheit von Diffusionspotentialen heraus kann aus Abb. 4.3 abgelesen werden, dass sich die vorhandenen Diffusionspotentiale sowohl im Nullpunkt, als auch in der Steigung der Glaselektrode wiederfinden. Auffällig ist jedoch, dass beispielsweise Diffusionspotentiale, welche in Abb. 4.3 eine kleine Abweichung des Nullpunkts vom Verlauf des Nullpunkts nach Abb. 4.1 (b) verursachen, eine große Abweichung des Verlaufs der Steigung in Abb. 4.3, verglichen mit dem Verlauf der Steigung in Abb. 4.1 (a) ergeben. Analog gilt, dass eine ver-

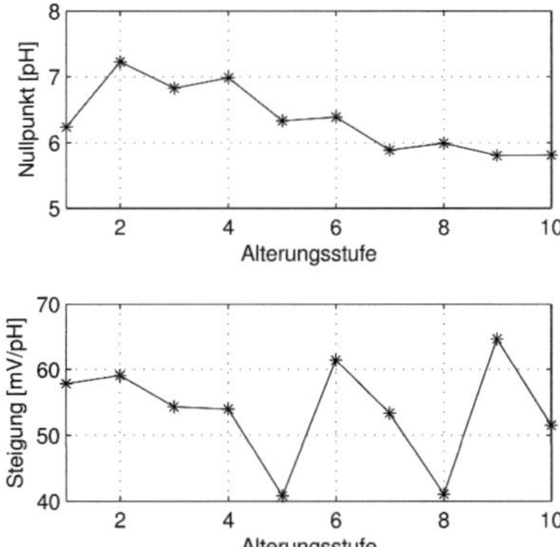

Abbildung 4.3: Verlauf von Nullpunkt und Steigung im Fall der Zunahme des Glaswiderstands, einer Zunahme von Fremdionen im Referenzelektrolyten und zufälligen Diffusionspotentialen. Die Verläufe ergeben sich aus den Verläufen aus Abb. 4.2, zusätzlich wurden Diffusionspotentiale E_5 gemäß Gl. (1.3) addiert.

gleichsweise große Abweichung des Nullpunkts und eine kleine Abweichung der Steigung einhergehen.

Die Erklärung des beschriebenen Effekts kann direkt aus den Gleichungen (1.14) und (1.15) sowie aus Abb. 1.3 abgeleitet werden. Durch die Anwesenheit von Diffusionspotentialen E_5 ändert sich direkt die Gesamtspannung der Elektrode U_S bei der Messung von U_S im ersten und im zweiten Puffer. Zur anschaulichen Erklärung anhand Gl. (1.3) wird angenommen, dass die Beträge der Diffusionspotentiale in beiden Puffern gleich groß sind.

Für das erste Beispiel sind die Vorzeichen beider Diffusionspotentiale gleich negativ. Damit addiert sich der Betrag von E_5 in beiden Puffern zur Gesamtspannung der pH-Glaselektrode, sodass sich aufgrund der Diffusionspotentiale die Steigung der Kalibriergeraden nicht ändert. Der Kalibrierparameter Nullpunkt erfährt eine Verschiebung in Richtung größerer pH-Werte.

Für das zweite Beispiel sind die Vorzeichen der Diffusionspotentiale verschieden, sodass im ersten Puffer das Diffusionspotential durch ein negatives Vorzeichen zur Gesamtspannung addiert, im zweiten Puffer durch ein positives Vorzeichen von der Gesamtspannung subtrahiert wird. Damit bleibt aufgrund der Diffusionspotentiale der Kalibrierparameter Nullpunkt konstant, der Kalibrierparameter Steigung nimmt jedoch ab.

4.1.4 Bewertung

In den vorangegangenen Abschnitten wurde ein neues statisches Fehlermodell für pH-Glaselektroden vorgestellt. Das neue Fehlermodell erklärt erstmals ganzheitlich den Einfluss verschiedener Fehlerquellen auf die Kalibrierparameter.

Eine Zunahme des Widerstands der Glasmembran R_L erklärt eine Abnahme der Steigung der Glaselektrode. Die Abnahme des pH-Werts des Elektrolyten der Referenzhalbzelle der Glaselektrode auf Grund einer Zunahme von Fremdionen ist direkt mit der Abnahme des Nullpunkts der Elektrode verbunden. Die Anwesenheit von Diffusionspotentialen beeinflusst die Kalibrierparameter erheblich. Der Zusammenhang der Einflüsse auf Nullpunkt und Steigung konnte erstmals hergestellt, grafisch dargestellt und erklärt werden.

4.2 Neues dynamisches Fehlermodell

Zur Erklärung von Alterungsmerkmalen, deren Ausprägung während der Einsatzdauer einer pH-Glaselektrode zunimmt und sich während des Betriebs äußert, ist es nötig, ein erweitertes Ersatzschaltbild aufzustellen, da mit dem Ersatzschaltbild aus Abb. 1.2 dynamische Effekte nicht erklärt werden können.

Da die Glasmembran die wichtigste Fehlerquelle bei der pH-Messung darstellt, muss das dynamische Fehlermodell die Veränderlichkeit der Parameter der Glasmembran berücksichtigen. Zur Erklärung dynamischer Effekte wird das Ersatzschaltbild aus Abb. 1.2 um eine Kapazität erweitert, um die dynamischen Effekte bei der Diffusion von Ionen durch die Glasmembran erklären zu können. Grundlage für dieses Vorgehen ist die Annahme, dass sich dynamische Effekte durch eine durch Fremdionen

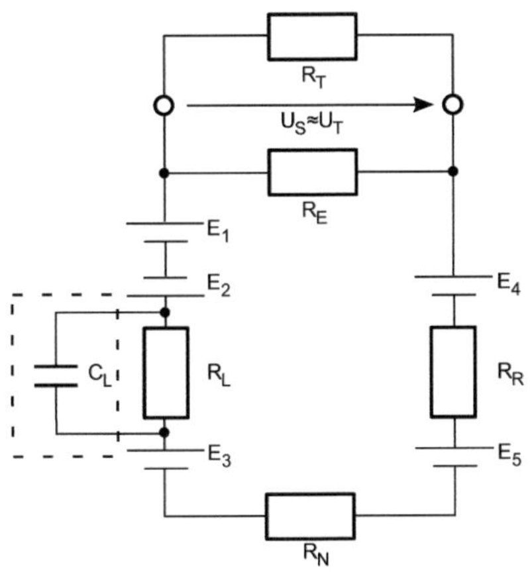

(a) Modifikation des Ersatzschaltbilds. Die Kapazität C_L wurde neu eingeführt.

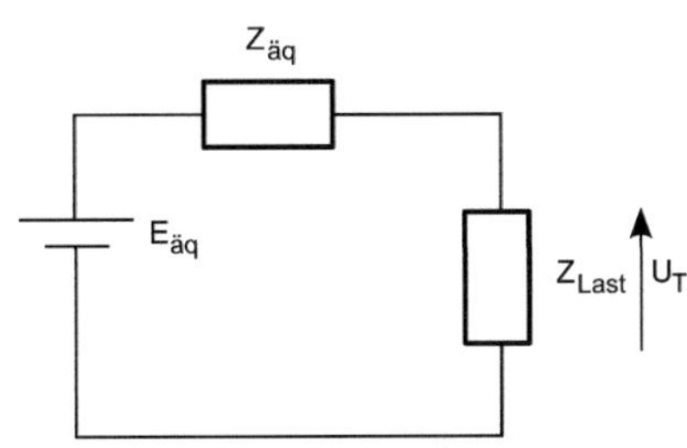

(b) Vereinfachung des modifizierten Ersatzschaltbilds

Abbildung 4.4: Modifikation des Ersatzschaltbilds einer pH-Glaselektrode und Vereinfachung nach Abb. 1.2

verursachte zusätzliche Kapazität darstellen lassen. Die so getroffene Annahme muss jedoch in künftigen Untersuchungen validiert werden.

Die Kapazität der Glasmembran ist mit C_L bezeichnet. Das neue erweiterte Ersatzschaltbild ist in Abb. 4.4 (a) dargestellt. Die neue Kapazität C_L wird dem Widerstand R_L parallel geschaltet.

Die Vereinfachung des Ersatzschaltbilds (Abb. 4.4 (b)) fasst die verschiedenen Spannungsquellen $E_1 \ldots E_5$ in die neue Größe $E_{äq}$ zusammen. Weiter werden die Ohmschen Widerstände R_L, R_N und R_R, die direkt an der Messung des pH-Werts beteiligt sind, zusammen mit der Kapazität C_L in der neuen Impedanz $Z_{äq}$ zusammengefasst, da die genannten Größen einen Beitrag zum frequenzabhängigen Widerstand leisten.

Für die Berechnung der Kapazität wurde eine sphärische Grundform der Glasmembran angenommen. Die Einflüsse aus dem Verlust des Segments, an dem der Glaszylinder an die Kugel anschließt, wurden aus Gründen der Einfachheit vernachlässigt. Ein Modell der Glasmembran ist in

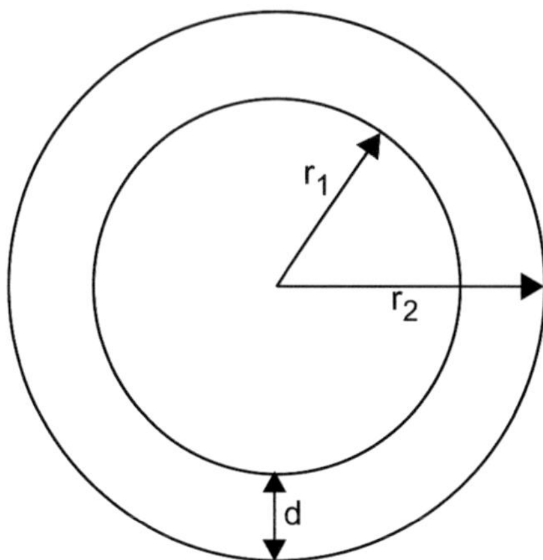

Abbildung 4.5: Modell der Glasmembran

Abb. 4.5 dargestellt. Die Kapazität der Glasmembran ergibt sich aus der Kapazität der Schale einer Sphäre zu [94]

$$C_L = 4\pi\varepsilon_0\varepsilon_r \left(\frac{1}{r_1} - \frac{1}{r_2} \right)^{-1} \tag{4.1}$$

mit der Dielektrizitätskonstanten $\varepsilon_0 = 8{,}85 \cdot 10^{-2}\frac{\text{F}}{\text{m}}$, der Dielektrizitätszahl $\varepsilon_r = 7$ für Glas, der Dicke der Glasmembran $d = 0{,}5mm$, dem Außenradius der Glasmembran $r_2 = 5$ mm, sowie dem Innenradius der Glasmembran $r_1 = r_2 - d$. Die Kapazität der Glasmembran C_L beträgt somit $3{,}5 \cdot 10^{-11}$F.

Zur Ermittlung des Verhaltens des Modells und damit des Alterungsverhaltens der Glasmembran muss die Übertragungsfunktion des Modells bestimmt werden, um die Beziehung zwischen Ein- und Ausgang des Modells herzustellen. Hierfür ist es nötig, die äquivalente Ersatzimpedanz $Z_{\ddot{a}q}$ zu bestimmen.

Die Ersatzimpedanz $Z_{\ddot{a}q}$ ergibt sich aus der Addition der Einzelimpedanzen Z_R, Z_N, sowie Z_L zu

$$Z_{\ddot{a}q} = Z_R + Z_N + Z_L. \tag{4.2}$$

Da nur die dynamischen Eigenschaften der Glasmembran berücksichtigt werden sollen, ist $Z_R = R_R$, sowie $Z_N = R_N$. Die Impedanz der Glasmembran ist mit dem Widerstand der Glasmembran R_L sowie der Kapazität C_L

$$\frac{1}{Z_L} = \frac{1}{R_L} + f\omega C_L, \tag{4.3}$$

und nach Umformung

$$Z_L = \frac{R_L}{1 + R_L C_L i\omega}. \tag{4.4}$$

Die Transformation in den Bildraum mit der Laplace-Variablen p führt durch Ersetzen von $f\omega$ zu

$$Z_L = \frac{R_L}{1 + R_L C_L p}. \tag{4.5}$$

Die Impedanz Z_{Last} wird zur Kompensation des Widerstands der Glasmembran R_L benötigt, damit die Spannung der Glashalbzelle nicht vollständig an R_L abfällt. Z_{Last} resultiert aus der Parallelschaltung des Isolationswiderstands zwischen den Einzelelektroden R_E und dem Eingangswiderstand des Messumformers R_T:

$$Z_{\text{Last}} = \frac{R_E R_T}{R_E + R_T}. \tag{4.6}$$

Die Übertragungsfunktion des Ersatzschaltbilds ist nach der Spannungsteilerformel

$$U_T = \frac{Z_{\text{Last}}}{Z_{äq} + Z_{\text{Last}}} E_{äq}. \tag{4.7}$$

und nach Einsetzen von Gl. (4.2) und Gl. (4.6) in Gl. (4.7) und Vereinfachen

$$U_T = \frac{(R_T + R_E)(1 + R_L C_L \cdot p)}{(R_R + R_N)(1 + R_L C_L \cdot p)(R_T + R_E) + R_L(R_T + R_E) + (R_E R_T)(1 + R_L C_L \cdot p)} \cdot E_{äq} \tag{4.8}$$

mit $E_{äq} = E_3 - E_2$.

Für die Simulation gelten die festen Parameter

$$R_E = 10^{12}\Omega,$$

$$R_L = 10^{13}\Omega,$$

$$R_N = 100\Omega,$$

$$R_R = 50\Omega,$$

$$R_T = 10^{12}\Omega.$$

Die Simulation wurde viermal durchgeführt, mit

$$C_{L,1} = 3{,}5 \cdot 10^{-11}\ \mathrm{F},$$

$$C_{L,2} = 4{,}0 \cdot 10^{-11}\ \mathrm{F},$$

$$C_{L,3} = 4{,}5 \cdot 10^{-11}\ \mathrm{F},$$

$$C_{L,4} = 5{,}0 \cdot 10^{-11}\ \mathrm{F},$$

um den Einfluss der Kapazität der Glasmembran auf das dynamische Verhalten zu untersuchen. Hierbei ergibt sich $C_{L,1}$ aus Gl. (4.1), der Endwert $C_{L,4}$ wurde aus den Ergebnissen von im Rahmen des Laborversuchs (Abschnitt 3.1) durchgeführten Messungen festgelegt.
Zur Untersuchung des Systems wurden

- Impuls- und Sprungantworten (Abb. 4.6) und

- Bode-Diagramme (Abb. 4.7)

erstellt. Die Impuls- und Sprungantworten des Systems sind für $C_{L,1}$ und $C_{L,4}$ in Abb. 4.6 illustriert. Die Impulsantwort bildet die Antwort des Systems auf einen Impuls $\delta(t)$ nach DIRAC. Ein Impuls $\delta(t)$ tritt zum Zeitpunkt 0 auf, weist eine infinitesimal kleine Dauer und eine dem Betrag nach unendlich große Amplitude auf. Der Betrag des Integrals über $\delta(t)$ ist Eins. Die Sprungantwort stellt die Antwort des Systems auf einen Einheitssprung $\sigma(t)$ dar. Der Einheitssprung ist eine (Sprung-) Funktion, die zum Zeitpunkt 0 vom Funktionswert 0 ausgehend sprungartig den Wert 1 für den weiteren Verlauf annimmt.
Beim direkten Vergleich der Sprungantworten in Abb. 4.6(a) und Abb. 4.6(b) fällt auf, dass das System PT_1-Verhalten[1] mit Vorhalt (D-

---

[1] Es handelt sich somit um ein Verzögerungsglied erster Ordnung.

Verhalten) aufweist. Das Systemverhalten ist auch als DT_1-Glied bekannt. Ein DT_1-Glied zeichnet sich dadurch aus, dass die Sprungantwort zuerst sprungartig ansteigt und danach exponentiell bis auf Null abfällt. Das Verhalten kann aus Abb. 4.6 nachvollzogen werden. Sowohl die Sprungantwort mit $C_{L,1}$ als auch mit $C_{L,4}$ steigt zum Zeitpunkt 0 an und erreicht eine Verstärkung von etwa $-0,06$ bzw. $-0,058$, um im weiteren Verlauf bis auf 0 abzufallen. Die in beiden Fällen geringe Verstärkung ist auf die vergleichsweise großen Widerstände R_E und R_L zurückzuführen. R_T spielt für das Systemverhalten der pH-Glaselektrode keine Rolle. Die Zunahme der Zeitkonstanten des Systems, erkennbar am langsameren Abfallen der Sprungantwort, ist auf die Zunahme der Kapazität der Glasmembran C_L zurückzuführen. Der Betrag der Verstärkung reduziert sich von $C_{L,1}$ nach $C_{L,4}$ marginal.

Weiter ist direkt ersichtlich, dass die Zeitkonstante des Systems von Abb. 4.6(a) zu Abb. 4.6(b) zunimmt. Dieses Ergebnis, welches auch schon in Kapitel 2 bei der Erstellung des Benchmarkdatensatzes berücksichtigt wurde, wird nun auch numerisch bestätigt. Die ermittelte Zeitkonstante steigt von 16,7 Sekunden (für $C_{L,1}$) auf 23,8 Sekunden (für $C_{L,4}$).

In Abb. 4.7 sind die für $C_{L,1}$ und für $C_{L,4}$ erstellten Bode-Diagramme dargestellt. Bode-Diagramme repräsentieren die stationäre Antwort des Systems auf eine harmonische Anregung.

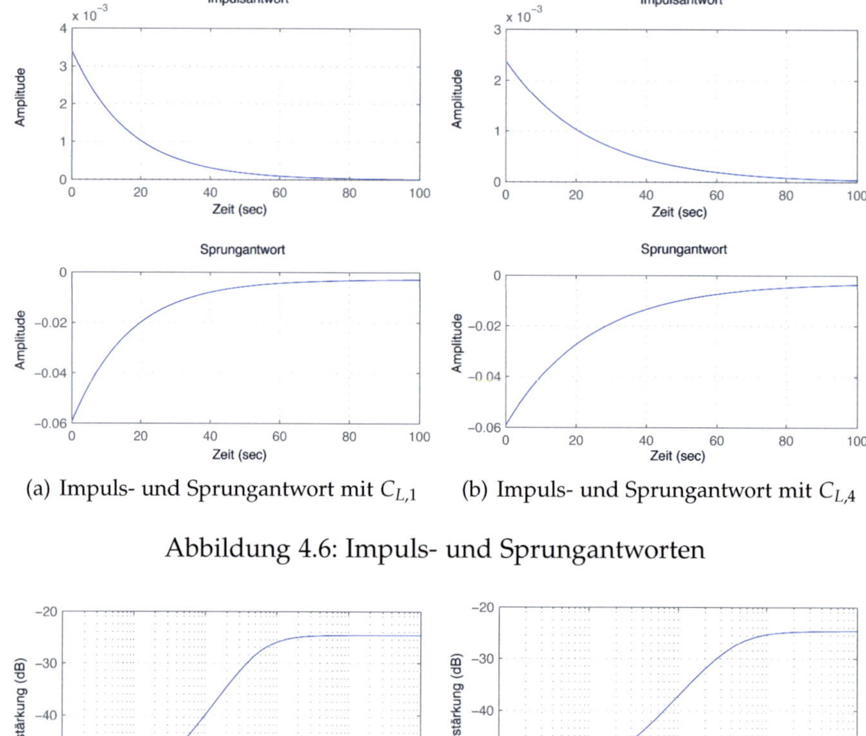

(a) Impuls- und Sprungantwort mit $C_{L,1}$ (b) Impuls- und Sprungantwort mit $C_{L,4}$

Abbildung 4.6: Impuls- und Sprungantworten

(a) Bode-Diagramm mit $C_{L,1}$ (b) Bode-Diagramm mit $C_{L,4}$

Abbildung 4.7: Bode-Diagramme des Modells mit $C_{L,1}$ bzw. $C_{L,4}$

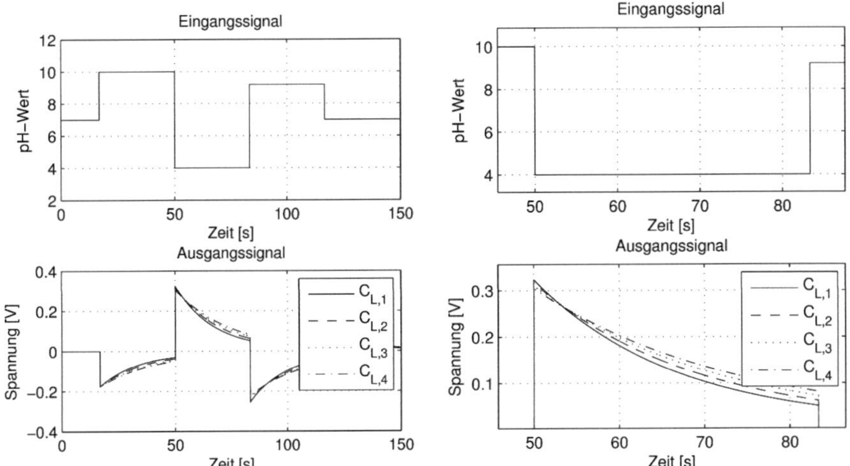

(a) Ein- und Ausgangssignale der Simulation

(b) Ein- und Ausgangssignale der Simulation, Vergrößerung

Abbildung 4.8: Ein- und Ausgangssignale der Simulation

Es handelt sich bei einem Bode-Diagramm um die Antwort des Systems auf Anregungen unterschiedlicher Frequenzen. Um einen möglichst großen Frequenzbereich betrachten zu können, ist die Frequenz logarithmisch aufgetragen. Der komplexe Betrag der Übertragungsfunktion ist als Verstärkung ebenfalls logarithmisch in dB aufgetragen, das komplexe Argument der Übertragungsfunktion linear in Form der Phase.

Die Eckfrequenzen ergeben sich aus den Schnittpunkten der Tangenten an das Diagramm, welches die Verstärkung abbildet. Für $C_{L,1}$ können $\omega_{0,1}=7\cdot10^{-2}\frac{rad}{s}$ und $\omega_{0,2}=5\cdot10^{-1}\frac{rad}{s}$ als Eckfrequenzen bestimmt werden. Für $C_{L,4}$ verschieben sie sich zu $\omega_{0,1}=8\cdot10^{-2}\frac{rad}{s}$ und $\omega_{0,4}=6\cdot10^{-1}\frac{rad}{s}$. Dabei verschieben sich die Phasen von $\varphi=225°$ zu $\varphi=215°$.

Für die Simulation wurde eine Dauer von insgesamt 150 Sekunden festgelegt. Die gesamte Simulationsdauer ist in fünf Abschnitte unterteilt.

Es handelt sich bei dem Eingangssignal der Simulation um pH-Sprünge (pH=7, pH=10, pH=4, pH=9,2, pH=7) bei konstanter Temperatur von $T = 25°C$.

Das Eingangssignal $z_{p,1}$ (pH-Wert) ist in Abb. 4.8 (a) oben illustriert. Vergrößert ist ein Sprung in Abb. 4.8 (b) oben abgebildet. Das Ausgangssignal, die Spannung der pH-Glaselektrode U_S, ist in Abb. 4.8 (a) unten bzw. als Vergrößerung in Abb. 4.8 (b) unten in Abhängigkeit der Kapazitäten $C_{L,1}$ bis $C_{L,4}$ dargestellt. An jeder der Antworten auf die Sprünge kann abgelesen werden, dass einerseits die Verstärkung, wie bereits in Abb. 4.6 ersichtlich, abnimmt. Erkennbar ist die Abnahme der Verstärkung durch die Abnahme der Spannung zu Beginn der Antwort auf einen Sprung des pH-Werts. Andererseits nimmt die Zeitkonstante des Systems zu. Die Zunahme der Zeitkonstante äußert sich in einer langsameren Reaktion auf einen Sprung. Somit ist in Abb. 4.8 (b) die Spannung bei 70 Sekunden für $C_{L,1}$ kleiner als für $C_{L,4}$.

4.3 Zusammenfassung

Im vorliegenden Kapitel wurde ein neuartiges Fehlermodell für pH-Glaselektroden vorgestellt. Abschnitt 4.1 behandelt ein neues statisches Fehlermodell, welches in der Lage ist, Einflüsse auf die Kalibrierparameter zu erklären. Es wird deutlich, dass für die Verschiebung der Steigung der Glaselektrode der Widerstand der Glasmembran verantwortlich ist. Die Verschiebung des Nullpunkts der Glaselektrode kann aus der Verschiebung des pH-Werts des Elektrolyten der Referenzhalbzelle erklärt werden. Die Verschiebung des pH-Werts des Elektrolyten ergibt sich aus der Verunreinigung mit Fremdionen, die durch das Diaphragma in die Referenzhalbzelle gelangen. Ebenso konnte der Einfluss von Diffusionspotentialen untersucht und erklärt werden.

In Abschnitt 4.2 wurde der Einfluss der neu eingeführten Kapazität der Glasmembran C_L erstmalig untersucht. Das Systemverhalten wird im Wesentlichen durch einen Vorhalt und durch eine Zunahme der Zeitkonstante während der Alterung bestimmt.

Die Kapazität der Glasmembran spielt die größte Rolle bei der Dynamik des Messwerts. Grundlage hierfür ist die Annahme, dass die Impedanz der Glasmembran, die ein Indikator für den Alterungsprozess der Glaselektrode ist, sich durch eine kapazitive Änderung der Glasmembran erklären lässt. Die Annahme muss in zukünftigen Untersuchungen zum Alterungsverhalten der Glasmembran verifiziert werden.

5 Zusammenfassung

Eine der größten Anforderungen, die derzeit von den Anwendern an Prozesssensoren und deren Hersteller gestellt werden, ist die Bereitstellung einer Diagnosefunktion, die dem Anwender Informationen über den technischen Zustand des Sensors zur Verfügung stellt. Diese Anforderung geht in ihrer Tiefe mit der Forderung nach Genauigkeit und Zuverlässigkeit weit über den derzeitigen Entwicklungsstand hinaus.

Das in dieser Arbeit vorgestellte neuartige modulare Konzept zur Diagnose von elektrochemischen Sensoren am Beispiel von pH-Glaselektroden stellt einen Vorschlag zur Erfüllung dieser gestellten Anforderung dar. Die inhaltlichen Schwerpunkte der Arbeit umfassen

- die Entwicklung eines Konzepts für ein neuartiges Diagnosesystem für elektrochemische Sensoren am Beispiel von pH-Glaselektroden zur Bereitstellung von Informationen über die Lebensdauer eines Sensors und die notwendigen Kalibrierintervalle zur Aufrechterhaltung der Messgenauigkeit (Kapitel 2),

- den Nachweis der Funktionalität und Funktionsfähigkeit des in Kapitel 2 entwickelten Verfahrens anhand von Labor- und realen Kalibrierdaten (Kapitel 3) sowie

- die Modellierung und Simulation des Alterungsverhaltens elektrochemischer Sensoren anhand des Beispiels von pH-Glaselektroden (Kapitel 4).

Mit dem neuen Konzept zur Diagnose elektrochemischer Sensoren wurde ein deutlicher Fortschritt gegenüber dem Stand der Technik erzielt. Die wichtigsten Ergebnisse dieser Arbeit sind:

1. Neues Konzept zur Vereinheitlichung der Problemstellungen in der Diagnose elektrochemischer Sensoren. Mit der Vereinheitlichung der

Problemstellung kann auch für andere Sensortypen aus der Gruppe der elektrochemischen Sensoren ein Konzept zur Diagnose umgesetzt werden.

2. Entwicklung eines Konzepts zur Diagnose elektrochemischer Sensoren am Beispiel von pH-Glaselektroden.

3. Entwicklung eines neuen Verfahrens zur datenbasierten Identifikation chemischer Prozesse mit Clusterverfahren und Hidden-Markov-Modellen.

4. Entwicklung eines neuartigen Verfahrens zur wissensbasierten Bestimmung und dem Zustand der pH-Glaselektroden entsprechenden Anpassung von Kalibrierintervallen.

5. Nachweis der Funktionsfähigkeit des neuen Konzepts anhand eines Benchmarkdatensatzes.

6. Prototypische Implementierung des Verfahrens unter MATLAB.

7. Erprobung des Verfahrens am Beispiel von pH-Glaselektroden anhand von Daten aus einem Laborversuch.

8. Erprobung des Verfahrens am Beispiel von pH-Glaselektroden anhand eines industriellen Datensatzes.

9. Entwicklung eines Fehlermodells für statische Alterungsparameter am Beispiel von pH-Glaselektroden.

10. Entwicklung eines Fehlermodells für dynamische Alterungsparameter am Beispiel von pH-Glaselektroden.

Da das System methodisch entwickelt wurde und die Funktionalität anhand von Benchmarkdaten, mit Hilfe eines Datensatzes aus einem Laborversuch und mittels eines realen Datensatzes nachgewiesen werden konnte, müssen kommende Arbeiten darauf ausgerichtet sein, das neuartige System zur Diagnose von Prozesssensoren direkt unter realen Bedingungen in chemischen und verfahrenstechnischen Prozessen einzusetzen und zu erproben. Hierbei muss ein besonderer Schwerpunkt darauf liegen, eine Datenbank mit Prozessdaten aufzubauen, um eine für die entsprechende Anwendung ausreichend große Anzahl von Hidden-Markov-Modellen zur Verfügung stellen zu können. Ebenso wichtig ist die Erstellung bzw. Zuordnung von Basiskalibrierintervallen und der Aufbau einer Datenbank mit Anwenderwissen zu den Auswirkungen variabler Kalibrierintervalle. Weiter müssen variable Kalibrierintervalle getestet werden. Dabei müssen die Auswirkungen von variablen Kalibrierintervallen auf die Messgenauigkeit und Zuverlässigkeit der Sensoren untersucht werden.

Literaturverzeichnis

[1] Norm DIN 19263 Januar 1989. Glaselektroden

[2] Norm DIN EN 13306 September 2001. Begriffe der Instandhaltung

[3] Norm ISO/IEC 9126 2001. Software engineering

[4] *Fuzzy-Logik und Fuzzy-Control – Begriffe und Definitionen.* 2002. – VDI/VDE-Richtlinie 3550, Blatt 2

[5] Norm DIN 31051 Juni 2003. Grundlagen der Instandhaltung

[6] *Selbstüberwachung und Diagnose von Feldgeräten (NE 107).* 2005

[7] *http://wetter.upb.de.* Juni 2008. – Universität Paderborn, Wetterstation

[8] Norm DIN EN ISO 9241 diverse Jahre der Veröffentlichung der Teile. Ergonomie der Mensch-System-Interaktion

[9] ALBER, T. ; GRUBE, M. ; MIKUT, R. ; BRETTHAUER, G.: *Verfahren zum Betreiben einer Prozess-Messstelle.* 05.09.2008. – Schutzrecht DE 10 2008 045 840 A1

[10] ALMEIDA, N.H. de ; NOHAMA, P.: Proposal of Methodology and Test Protocol for Evaluating and Qualifying pH Measuring Devices. In: *Brazilian Archives of Biology and Technology* 49 (2006), S. 25–30

[11] ANYAKORA, S.N. ; LEES, F.P.: Detection of Instrument Malfunction by the Process Operator. In: *The Chemical Engineer* 264 (1972), S. 304–309

[12] BACH, H. (Hrsg.) ; BAUCKE, F.G.K. (Hrsg.) ; KRAUSE, D. (Hrsg.): *Electrochemistry of Glasses and Glass Melts, Including Glass Electrodes.* Springer, 2000

[13] BAMFORTH, C.W.: pH in Brewing: An Overview. In: *Technical Quarterly* 38 (2001), Nr. 1, S. 1–9

[14] BANDEMER, H. ; GOTTWALD, S.: *Einführung in Fuzzy Methoden.* Akademie-Verlag, Berlin, 1993

[15] BARRETT, P.J. (Hrsg.): *Asset Management Handbook.* Australian National Audit Office, 1996

[16] BASSEVILLE, M.: Detecting Changes in Signals and Systems – A Survey / Institut National de Recherche en Informatique et en Automatique. 1987 (353). – Technischer Bericht

[17] BATES, R.G. ; ROBINSON, R.A.: Standardization of Silver-Silver Chloride Electrodes from 0 to 60°C. In: *Journal of Solution Chemistry* 9 (1980), S. 455–456

[18] BAUCKE, F.G.K.: The modern understanding of the glass electrode response. In: *Fresenius' Journal of Analytical Chemistry* 349 (1994), S. 582–596

[19] BAUM, L.E. ; PETRIE, T. ; SOULES, G. ; WEISS, N.: A Maximization Technique Occurring in the Statistical Analysis of Probabilistic Functions of Markov Chains. In: *The Annals of Mathematical Statistics* 41 (1970), Nr. 1, S. 164–171

[20] BENGIO, Y.: Markovian Models for Sequential Data. In: *Neural Computing Surveys* 2 (1999), S. 129–164

[21] BERNIERI, A. ; D'APUZZO, M. ; SANSONE, L. ; SAVASTANO, M.: A Neural Network Approach for Identification and Fault Diagnosis on Dynamic Systems. In: *IEEE Transactions on Instrumentation and Measurement* 43 (1994), S. 867–873

[22] BEZDEK, J.: *Pattern Recognition with Fuzzy Objective Function Algorithms.* Planum Press, 1981

[23] BILMES, J.: What HMMs Can Do / Department of Electrical Engineering, University of Washington, Seattle. 2002 (UWEETR-2002-0003). – UWEE Technical Report

[24] BRETTHAUER, G.: Kap. 22 - Automation In: ESSLINGER, H.M. (Hrsg.): *Handbook of Brewing: Processes, Technology, Markets*. Wiley-VCH, 2009

[25] BRETTHAUER, G. ; GAMALEJA, T. ; HANDSCHIN, E. ; NEUMANN, U. ; HOFFMANN, W.: Integrated maintenance scheduling system for electrical energy systems. In: *IEEE Transactions on Power Delivery* 13 (1998), Nr. 2, S. 655–660

[26] BRONSTEIN, I. N. ; SEMENDJAJEW, K. A. ; MUSIOL, G. ; MÜHLIG, H.: *Taschenbuch der Mathematik*. Thun, Frankfurt a. M. : Harri Deutsch, 1995

[27] BUCK, R.P. ; RONDININI, S. ; COVINGTON, A.K. ; BAUCKE, F.G.K. ; BRETT, C.M.A. ; OES, M.F. C. ; MILTON, M.J.T. ; MUSSINI, T. ; NAUMANN, R. ; PRATT, K.W. ; SPITZER, P. ; WILSON, G.S.: Measurement of pH. Definition, Standards, and Procedures. In: *Pure Appl. Chem.* 74 (2002), Nr. 11, S. 2169–2200

[28] CAMMANN, K. ; GALSTER, H.: *Das Arbeiten mit ionenselektiven Elektroden*. 3. Springer, 1996

[29] CHEN, J. ; PATTON, R.J. ; ZHANG, H.-Y.: Design of unknown input observers and robust fault detection filters. In: *International Journal of Control* 63 (1996), S. 85–105

[30] CHU, C. ; PROTH, J.-M. ; WOLFF, P.: Predictive maintenance: The one-unit replacement model. In: *International Journal of Production Economics* 54 (1998), S. 285–295

[31] CREMER, M.: Über die Ursache der elektromotorischen Eigenschaften der Gewebe. In: *Zeitschrift für Biologie* 46 (1909), S. 562–608

[32] DAW, C.S. ; FINNEY, C.E.A. ; TRACY, E.R.: A review of symbolic analysis of experimental data. In: *Review of Scientific Instruments* 74 (2003), S. 915–932

[33] DEGNER, R. ; LEIBL, S.: *pH messen: So wird's gemacht!* VCH, 1995

[34] DEKKER, R.: On the Use of Operations Research Models for Maintenance Decision Making. In: *Microelectron. Reliab.* 35 (1995), Nr. 9-10, S. 1321–1331

[35] DEKKER, R.: Applications of maintenance optimization models: a review and analysis. In: *Reliability Engineering and System Safety* 51 (1996), S. 229–240

[36] DELMAIRE, G. ; CASSAR, J.-P. ; STAROSWIECKI, M.: Identification and parity space techniques for failure detection in SISO systems including modelling errors. In: *Proceedings of the 33rd IEEE Conference on Decision and Control*, 1994

[37] DEMPSTER, A.P. ; LAIRD, N.M. ; RUBIN, D.B.: Maximum Likelihood from Incomplete Data via the EM Algorithm. In: *Journal of the Royal Statistical Society. Series B* 39 (1977), Nr. 1, S. 1–38

[38] DICKEL, T.: *Untersuchungen zu enzymatischen Abbauprodukten beim Maischen im Hinblick auf die Entwicklung eines Prozessführungssystems*, Technische Universität München, Fakultät Wissenschaftszentrum Weihenstephan für Ernährung, Landnutzung und Umwelt, Diss., 2003

[39] DUNGS, H.-H.: Meß- und regeltechnische Eigenschaften von pH-Wert-Fühlern. In: *Chemie Ingenieur Technik* 28 (1956), Nr. 10, S. 656–660

[40] EDDY, S.R.: Hidden Markov models. In: *Current Opinion in Structural Biology* 6 (1996), Nr. 3, S. 361–365

[41] ESSLINGER, H.M. (Hrsg.): *Handbook of Brewing: Processes, Technology, Markets.* Wiley-VCH, 2009

[42] FENG, C.-D. ; KOLUVEK, R. ; COVEY, B.M. ; COVEY, J.: Virtual Solution Ground for Multi-Parameter Instrument in pH Measurement / Emerson Process Management, Rosemount Analytical. 2006. – Technischer Bericht

[43] FEUCHT, W. ; WOHLRAB, H. ; RIESE, B.: *Verfahren zur Bestimmung der Kalibrier-Intervallzeit von elektrochemischen Messsensoren.* 24.03.2005. – Schutzrecht DE 101 41 408 B4

[44] FLOYD, R.W.: Nondeterministic Algorithms. In: *Journal of the Association for Computing Machinery* 14 (1967), Nr. 4, S. 636–644

[45] FRANK, P.M.: Diagnoseverfahren in der Automatisierungstechnik. In: *at – Automatisierungstechnik* 42 (1994), S. 47–64

[46] FRANK, P.M.: Enhancement of robustness in observer-based fault detection. In: *International Journal of Control* 59 (1994), Nr. 4, S. 955–981

[47] FREY, C.W.: Prozessdiagnose und Monitoring feldbusbasierter Automatisierungsanlagen mittels selbstorganisierender Karten und Watershed-Transformation. In: *at – Automatisierungstechnik* 56 (2008), Nr. 7, S. 374–380

[48] GALSTER, H.: *pH Measurement: Fundamentals, Methods, Applications, Instrumentation.* VCH, 1991

[49] GOMMLICH, A. ; ALBER, T.: Methoden der Sensordiagnose zur Bewertung von Verfügbarkeit, Qualität und Sicherheit. In: *Proc., 16. Workshop Computational Intelligence,* 2006

[50] GORDON, A.R. ; SHORE, K.R.: Life cycle renewal as a business process. In: *Proceedings of APWA Congress: Innovation in Urban Infrastructure,* 1998

[51] GOTE, M. ; NEUMANN, J. ; BAUER, M. ; HORCH, A.: Trends in Operations und Plant Asset Management – ein Diskussionsbeitrag. In: *atp – Automatisierungstechnische Praxis* 50 (2008), Nr. 10, S. 48–54

LITERATURVERZEICHNIS

[52] GRALL, A. ; DIEULLE, L. ; BÉRENGUER, C. ; ROUSSIGNOL, M.: Continuous-Time Predictive-Maintenance Scheduling for a Deterioration System. In: *IEEE Transactions on Reliability* 51 (2002), Nr. 2, S. 141–149

[53] GRÜNDLER, P.: *Chemische Sensoren – Eine Einführung für Naturwissenschaftler und Ingenieure.* Springer, 2004

[54] GRUBE, M.: Konzeption und Aufbau eines Versuchs zur Untersuchung der Alterung von pH-Glaselektroden / Forschungszentrum Karlsruhe GmbH. 2007. – Forschungsbericht

[55] GRUBE, M. ; MIKUT, R. ; ALBER, T. ; JAGIELLA, M. ; BRETTHAUER, G.: Ein selbstanpassender und prozessspezifischer Ansatz in der Sensordiagnose. In: *Proc., 18. Workshop Computational Intelligence*, 2008, S. 286

[56] GRUBE, M. ; MIKUT, R. ; ALBER, T. ; JAGIELLA, M. ; BRETTHAUER, G.: A Self-Tuning and Process-Specific Approach in Sensor Lifetime Prediction. In: *Proc., Eurosensors XXII, Dresden*, 2008, S. 139–142

[57] HABER, F. ; KLEMENSIEWICZ, Z.: Über elektrische Phasengrenzkräfte. In: *Zeitschrift für Physikalische Chemie* 67 (1909), S. 385–431

[58] HORCH, A.: Plant Asset Management – wo stehen wir? In: *VDE Kongress 2006 Aachen – Innovations for Europe*, 2006, S. 321–324

[59] HORCH, A. ; GONSIOR, G. ; GRIEB, H.: Plant Asset Management – gemeinsames Verständnis und breiter Anwendernutzen. In: *atp – Automatisierungstechnische Praxis* 50 (2008), Nr. 10, S. 56–61

[60] HORN, M.: Anwendung der Impedanzspektrometrie zur Selbstüberwachung amperiometrischer Gassensoren. In: *tm – Technisches Messen* 71 (2004), S. 501–508

[61] HORNEGGER, J.: *Statistische Modellierung, Klassifikation und Lokalisation von Objekten.* Shaker-Verlag, 1996

[62] HOU, Z. ; LIAN, Z. ; YAO, Y. ; YUAN, X.: Data mining based sensor fault diagnosis and validation for building air conditioning system. In: *Energy Conversion and Management* 47 (2006), S. 2479–2490

[63] HÖPPNER, F. ; KLAWONN, F. ; KRUSE, R. ; RUNKLER, T.: *Fuzzy Cluster Analysis - Methods for Classification, Data Analysis and Image Recognition*. John Wiley & Sons, 1999

[64] HÜSGES, R.: Vorausschauende Wartung in der pH-Messtechnik / Endress + Hauser Conducta GmbH. 2006. – Interner Bericht

[65] ILLINGWORTH, J.A.: A common source of error in pH measurements. In: *Biochemical Journal* 195 (1981), S. 259–262

[66] ISERMANN, R.: Supervision, Fault-Detection and Fault-Diagnosis Methods – An Introduction. In: *Control Engineering Practice* 5 (1997), Nr. 5, S. 639–652

[67] ISERMANN, R.: Model-based Fault Detection and Diagnosis – Status and Applications. In: *Proceedings 16th Symposium on Automatic Control in Aerospace*, 2004

[68] ISERMANN, R.: *Fault Diagnosis Systems. An Introduction from Fault Detection to Fault Tolerance*. Springer, Berlin, 2006

[69] ISERMANN, R.: Fehlertolerante mechatronische Systeme, Teil 1. In: *at – Automatisierungstechnik* 55 (2007), Nr. 4, S. 170–179

[70] JAKOB, E. ; WINKLER, H. ; FORSCHUNGSANSTALT AGROSCOPE LIEBEFELD-POSIEUX ALP, Berne (Hrsg.): *pH-Messtechnik in der Halbhartkäsefabrikation*. 2006

[71] JAKUBEK, S. ; JÖRGL, H.P.: Sensor Fault-Diagnosis in a Turbo-Charged Combustion Engine. In: *Safeprocess 2000*, 2000

[72] JÄKEL, J.: *Linguistische Fuzzy-Systeme mit verallgemeinerten Konklusionen und ihre Anwendung zur Modellbildung und Regelung*, Universität Karlsruhe (TH), Fakultät für Maschinenbau, Diss., 1999

[73] KADEN, H. ; VONAU, W.: Bezugselektroden für elektrochemische Messungen. In: *Journal für praktische Chemie* 340 (1998), S. 710–721

[74] KEOGH, E. ; LIN, J. ; TRUPPEL, W.: Clustering of Time Series Subsequences is Meaningless: Implications for Previous and Future Research. In: *Knowledge and Information Systems* 8 (2005), Nr. 2, S. 154–177

[75] KIENDL, H.: *Fuzzy Control methodenorientiert*. Oldenbourg Verlag, München, Wien, 1997

[76] KÄLL, L.: *Predicting transmembrane topology and signal peptides with hidden Markov models*, Karolinska Institutet, Diss., 2006

[77] KOSCHEL, J. ; MÜLLER, U. ; NICKLAUS, E.: Asset Management – Zustandserkennung in Produktionsanlagen. In: *atp – Automatisierungstechnische Praxis* 42 (2000), S. 41–47

[78] KREISZ, S.: *Der Einfluss von Polysacchariden aus Malz, Hefe und Bakterien auf die Filtrierbarkeit von Würze und Bier*, Fakultät Wissenschaftszentrum Weihenstephan für Ernährung, Landnutzung und Umwelt, Technische Universität München, Diss., 2003

[79] KROGH, A. ; LARSSON, B. ; HEIJNE, G. von ; SONNHAMMER, E.L.L.: Predicting Transmembrane Protein Topology with a Hidden Markov Model: Application to Complete Genomes. In: *Journal of Molecular Biology* 305 (2001), S. 567–580

[80] KULLBACK, S. ; LEIBLER, R.A.: On information and sufficiency. In: *Annals of Mathematical Statistics* 22 (1951), Nr. 1, S. 79–86

[81] KULP, D.C.: *Protein-Coding Gene Structure Prediction Using Generalized Hidden Markov Models*, University of California, Santa Cruz, Diss., 2003

[82] LEES, F. P.: Some Data on the Failure Modes of Instruments in the Chemical Plant Environment. In: *The Chemical Engineer* 277 (1973), S. 418–421

[83] LEONHARDT, S. ; AYOUBI, M.: Methods of Fault Diagnosis. In: *Control Engineering Practice* 5 (1997), Nr. 5, S. 683–692

[84] LIAO, T.W.: Clustering of time series data – a survey. In: *Pattern Recognition* 38 (2005), S. 1857–1874

[85] LOOSE, T.S.: *Konzept für eine modellgestützte Diagnostik mittels Data Mining am Beispiel der Bewegungsanalyse*, Universität Karlsruhe (TH), Fakultät für Maschinenbau, Diss., 2004

[86] LUNKENHEIMER, P. ; SCHNEIDER, U. ; BRAND, R. ; LOIDL, A.: Glassy dynamics. In: *Contemporary Physics* 41 (2000), S. 15–36

[87] MACMILLAN, G.K. ; CAMERON, R.A.: *Advanced pH Measurement and Control*. 3. ISA – The Instrumentation, Systems, and Automation Society, 2005

[88] MANNING, C.D. ; SCHÜTZE, H.: *Foundations of Statistical Natural Language Processing*. The MIT Press, Cambridge, 2002

[89] MARKOV, A.A.: Versuche einer statistischen Untersuchung über den Text des Romans 'Eugen Onegin' zur Beleuchtung des Zusammenhangs der Kettenversuche. In: *Mitteilungen der Petersburger Akademie der Wissenschaften* 7 (1913), Nr. 6, S. 153–162

[90] MATTHES, J. ; KELLER, H.B. ; MIKUT, R.: Abstrakte Verhaltensmodellierung und -prognose auf der Basis räumlich verteilter Sensornetze mit Kohonen-Karten und Markov-Ketten. In: *Proc., 10. Workshop Computational Intelligence*, 2000, S. 192–204

[91] MCKONE, K.E. ; WEISS, E.N.: Guidelines for implementing Predictive Maintenance. In: *Production and Operations Management* 11 (2002), S. 109–124

[92] MEGALOOIKONOMOU, V. ; WANG, Q. ; LI, G. ; FALOUTSOS, C.: A Multiresolution Symbolic Representation of Time Series. In: *Proc., 21st International Conference on Data Engineering (ICDE 2005)*, 2005, S. 668–679

LITERATURVERZEICHNIS

[93] MEINRATH, G. ; SPITZER, P.: Uncertainties in Determination of pH. In: *Microchimica Acta* 135 (2000), S. 155–168

[94] MESCHEDE, D. (Hrsg.): *Gerthsen Physik.* 22. Springer, 2004

[95] MEYER, M.: *Grundlagen der Informationstechnik. Signale, Systeme und Filter.* Vieweg, 2002

[96] MIKUT, R.: *Data Mining in der Medizin und Medizintechnik.* Universitätsverlag Karlsruhe, 2008

[97] MIKUT, R. ; BURMEISTER, O. ; GRUBE, M. ; REISCHL, M. ; BRETTHAUER, G.: Interaktive Auswertung von aufgezeichneten Zeitreihen für Fehlerdiagnosen und Mensch-Maschine-Interfaces. In: *atp – Automatisierungstechnische Praxis* 49 (2007), Nr. 8, S. 30–34

[98] MIKUT, R. ; BURMEISTER, O. ; REISCHL, M. ; LOOSE, T.: Die MATLAB-Toolbox Gait-CAD. In: *Proc., 16. Workshop Computational Intelligence,* 2006, S. 114–124

[99] MÜLLER, J. ; EPPLE, U. ; WOLLSCHLAEGER, M. ; DIEDRICH, C.: Asset Management Box – Konfigurationsfreier Zugang zu innovativen Feldgeräten und deren Instandhaltungs- und Diagnoseinformationen. In: *AKIDA 2002 – Aachener Kolloquium für Instandhaltung, Diagnose und Anlagenüberwachung,* 2002 (Aachener Beiträge zur Angewandten Rechentechnik 46), S. 303–318

[100] MÜLLER-HEINZERLING, T. ; PFEIFFER, B.-M. ; GRIEB, H.: Ganz schön clever – Nicht-intelligente Komponenten in das anlagennahe Asset Management einbinden. In: *atp – Automatisierungstechnische Praxis* 48 (2006), Nr. 11, S. 56–61

[101] NAMUR; GMA: *Abschlussbericht Technologie-Roadmap: Prozess-Sensoren 2005 - 2015.* 2005

[102] NAUMANN, R. ; ALEXANDER-WEBER, Ch. ; EBERHARDT, R. ; GIERA, J. ; SPITZER, P.: Traceability of pH measurements by glass electrode cells: performance characteristic of pH electrodes by multi-point

178

calibration. In: *Analytical and Bioanalytical Chemistry* 374 (2002), S. 778–786

[103] NICKLAUS, E. ; FUSS, H.-P.: Online-Asset Management. In: *atp – Automatisierungstechnische Praxis* 42 (2000), S. 30–39

[104] NORRIS, J.R. ; GILL, R. (Hrsg.): *Markov Chains.* Cambridge University Press, 1997 (Cambridge Series in Statistical and Probabilistic Mathematics)

[105] OELSSNER, W. ; BERTHOLD, F. ; KADEN, H.: Korrosionsuntersuchung an chemischen Sensoren mittels elektrochemischer Rauschanalyse. In: *Materials and Corrosion* 49 (1998), S. 700–704

[106] OSZTERMAYER, J.: Neue Ansätze im Asset-Management von elektrischen Betriebsmitteln. In: *Micafil Symposium*, 2004

[107] OSZTERMAYER, J.: *Zustandsabhängiges, risikobasiertes Asset-Management in der Energieversorgung*, Universität Stuttgart, Fakultät für Informatik, Elektrotechnik und Informationstechnik, Diss., 2007

[108] PATTON, R.J.: Robust model-based fault diagnosis: the state of the art. In: *Proceedings of the IFAC Symposium on Fault Detection, Supervision and Safety for Technical Processes*, 1994

[109] PATTON, R.J. ; UPPAL, F.J. ; LOPEZ-TORIBIO, C.J.: Soft Computing Approaches to Fault Diagnosis for Dynamic Systems: A Survey. In: *Proceedings of the 4th IFAC Symposium on Fault Detection, Supervision and Safety for Technical Processes* Bd. 1, 2000, S. 298–311

[110] PATZIG, F.: *Poröses Polytetrafluorethylen für pH-Elektroden*, Hochschule Mittweida (FH), Fachbereich Maschinenbau, Diplomarbeit, 2004

[111] POLKE, M. (Hrsg.): *Prozeßleittechnik.* R. Oldenbourg Verlag, 1994

[112] PROCK, J.: Selbstüberwachung, ihre Grenzen und übergreifende Überwachung am Beispiel von Füllstands-Sensorsystemen. In: *atp – Automatisierungstechnische Praxis* 45 (2003), S. 44–49

LITERATURVERZEICHNIS

[113] RAAB, H.: Die Rolle der Sensoren in der Verfahrenstechnik. In: *Chemie Ingenieur Technik* 61 (1989), Nr. 3, S. 199–205

[114] RABINER, L.R.: A Tutorial on Hidden Markov Models and Selected Applications in Speech Recognition. In: *Proceedings of the IEEE* Bd. 77, 1989, S. 257–286

[115] RABINER, L.R. ; JUANG, B.H.: An Introduction to Hidden Markov Models. In: *IEEE ASSP Magazine* 3 (1986), Nr. 1, S. 4–16

[116] RAMONI, M. ; SEBASTIANI, P. ; COHEN, P.: Bayesian Clustering by Dynamics. In: *Machine Learning* 47 (2002), S. 91–121

[117] RUSSELL, S.J. ; NORVIG, P.: *Artificial intelligence : a modern approach.* Prentice Hall, 1995 (Prentice Hall series in artificial intelligence)

[118] Sartorius AG: *Handbuch der Elektroanalytik – Teil 2: Die pH-Messung.* 2004

[119] SCHNEIDER, H.-J.: Prozessmessgeräte und nahe Komponenten. In: *Chemie Ingenieur Technik* 72 (2000), Nr. 11, S. 1347–1355

[120] SCHWABE, K.: Elektrometrische pH-Messungen unter extremen Bedingungen I. Messung der Wasserstoffionen-Konzentration in stark sauren und alkalischen Lösungen. In: *Chemie Ingenieur Technik* 29 (1957), S. 656–660

[121] SCHWABE, K.: Elektrometrische pH-Messungen unter extremen Bedingungen II. Messung des pH-Wertes bei hohen Temperaturen und Drucken sowie bei tiefen Temperaturen. In: *Chemie Ingenieur Technik* 30 (1958), S. 228–235

[122] SCHWABE, K.: Elektrometrische pH-Messungen unter extremen Bedingungen III. Messung des pH-Wertes in nichtwäßrigen Flüssigkeiten. In: *Chemie Ingenieur Technik* 31 (1959), S. 109–117

[123] SCHWABE, K.: *pH-Fibel.* VEB Deutscher Verlag für Grundstoffindustrie, 1962

[124] SHANNON, C.E.: A mathematical theory of communication. In: *Bell System Technical Journal* 27 (1948), S. 379–423

[125] SÖRENSEN, S.: Enzymstudien II: Über die Messung und die Bedeutung der Wasserstoffionenkonzentration bei enzymatischen Prozessen. In: *Biochemische Zeitschrift* 21 (1909), S. 131–200

[126] STAMMEN, C.: Entwicklung von Condition-Monitoring Funktionen für elektrohydraulische Linearantriebe. In: *Ölhydraulik und Pneumatik* 47 (2003), Nr. 10, S. 640–648

[127] TAMIME, A.Y. ; ROBINSON, R.K.: *Yoghurt Science and Technology*. Pergamon Press, 1985

[128] Testo AG: *Praxis-Fibel Leitfaden zur pH-Messtechnik*. 2. 2004

[129] THOMSON, W.: Electrolytic Conduction in Solids – First Example: Hot Glass. In: *Proceedings of the Royal Society of London*, 1875

[130] TIMM, H.: *Fuzzy-Clusteranalyse: Methoden zur Exploration von Daten mit fehlenden Werten sowie klassifizierten Daten*, Otto-von-Guericke-Universität Magdeburg, Fakultät für Informatik, Diss., 2002

[131] TRILLING, U. ; STIELER, S.: Selbstüberwachung und Diagnose von Feldgeräten – Teil 1: Wirtschaftliche Bedeutung für den Anwender. In: *atp – Automatisierungstechnische Praxis* 43 (2001), S. 42–45

[132] VANIER, D.J.: Why industry needs asset management tools. In: *Journal of Computing in Civil Engineering* 15 (2001), S. 35–43

[133] VENKATASUBRAMANIAN, V. ; CHAN, K.: A Neural Network Methodology for Process Fault Diagnosis. In: *AICheE Journal* 35 (1989), Nr. 12, S. 1993–2002

[134] VENKATASUBRAMANIAN, V. ; RENGASWAMY, R. ; KAVURI, S. N. ; YIN, K.: A review of process fault detection and diagnosis, Part III: Process history based methods. In: *Computers & Chemical Engineering* 27 (2003), S. 327–346

[135] VENKATASUBRAMANIAN, V. ; RENGASWAMY, R. ; YIN, K. ; KAVURI, S. N.: A review of process fault detection and diagnosis, Part I: Quantitative model-based methods. In: *Computers & Chemical Engineering* 27 (2003), S. 293–311

[136] VITERBI, A.J.: Error Bounds for Convolutional Codes and an Asymptotically Optimum Decoding Algorithm. In: *IEEE Transactions on Information Theory* IT-13 (1967), Nr. 2, S. 260–269

[137] VOGEL-HEUSER, B.: Potenziale von Asset Management Systemen – Die 69. NAMUR Hauptsitzung. In: *atp – Automatisierungstechnische Praxis* 48 (2006), S. 38–42

[138] WELCH, L.R.: Hidden Markov Models and the Baum-Welch Algorithm. In: *IEEE Information Theory Society Newsletter* 53 (2003), Dezember, Nr. 4, S. 1, 10–13

[139] WITTMER, D. ; HAMMELEHLE, W. ; STEINMÜLLER, D. ; FIKUS, A.: *Verfahren zur Funktionsüberwachung von Sensoren*. 24.06.2004. – Schutzrecht DE 102 39 610 B3

[140] WOHLRAB, H. ; RIESE, B. ; SCHWARZHANS, D.: *Verfahren zur Ermittlung der verschleißabhängigen Reststandzeit eines elektrochemischen Messsensors*. 28.07.2005. – Schutzrecht DE 102 09 318 B4

[141] WOLFBEIS, O.S.: Chemical sensors – survey and trends. In: *Fresenius' Journal of Analytical Chemistry* 337 (1990), S. 522–527

[142] WU, S. ; CLEMENTS-CROOME, D.: Optimal Maintenance Policies Under Different Operational Schedules. In: *IEEE Transactions on Reliability* 54 (2005), Nr. 2, S. 338–346

[143] YLÉN, J.-P.: *Measuring, Modelling and Controlling the pH Value and the dynamic chemical State*, Fakultät für Automatisierungs- und Systemtechnik, Technische Universität Helsinki, Finnland, Diss., 2001

[144] ZADEH, L.A.: Fuzzy sets. In: *Information and Control* 8 (1965), S. 338–353

[145] Ziemath, E.C.: Degradation of the Surface of a Metasilicate Glass due to Atmosphere Moisture. In: *Química Nova* 21 (1998), Nr. 3, S. 356–360

A Anhang

A.1 Der EM-Algorithmus

Der EM-Algorithmus besteht aus den Schritten *Estimation* (Schätzung) und *Maximization* (Maximierung).

Estimation Die Q_{EM}-Funktion ergibt sich zu [138]

$$Q_{EM}\left(\theta, \theta^{(i-1)}\right) = \sum_x h_{o,\theta}(x) P\left(o, x | \theta^{(i-1)}\right) \tag{A.1}$$

oder durch Ersetzen von h aus Gleichung (2.39) und von (2.38) zu

$$Q_{EM}\left(\theta, \theta^{(i-1)}\right) = \sum_x \log P\left(o, x | \theta\right) P\left(o, x | \theta^{(i-1)}\right) \tag{A.2}$$

Für eine Zustandssequenz $x = (X_1 \ldots X_T)$ kann $P(o, x | \theta)$ als

$$P(o, x | \theta) = \pi_{X_0} \prod_{t=1}^{T} a_{X_{t-1} X_t} b_{X_t}(o_t) \tag{A.3}$$

geschrieben werden. Damit ergibt sich die Q_{EM}-Funktion wie in Gl. (2.40).

Maximization Im Maximization-Schritt werden die Summanden aus Gl. (2.41) bis (2.43) optimiert. Der erste Summand, Gl. (2.41), kann noch vereinfacht werden:

$$\sum_x \log \pi_{X_0} P\left(o, x | \theta^{(i-1)}\right) = \sum_{i=1}^{N} \log \pi_i P\left(o, X_0 = s_i | \theta^{(i-1)}\right). \tag{A.4}$$

Diese Vereinfachung kann vorgenommen werden, da zwar über alle Zustandsfolgen x summiert wird, jedoch immer nur der Wert von X_0 betrachtet wird.

Der erste Summand liefert einen Schätzwert der Anfangswahrscheinlichkeiten $\hat{\pi}_i$. Damit ergibt sich durch partielle Differentiation nach π_i der Schätzwert

$$\hat{\pi}_i = \frac{P\left(o, X_0 = s_i | \theta^{(i-1)}\right)}{P\left(o | \theta^{(i-1)}\right)}. \tag{A.5}$$

Es gilt für Gl. (A.5) die Einschränkung, dass die Summe aller Anfangswahrscheinlichkeiten Eins ergeben muss, also $\sum_i \pi_i = 1$.
Der zweite Term kann zu

$$\sum_x \left(\sum_{t=1}^{T} \log a_{X_{t-1} X_t}\right) P\left(o, x | \theta^{(i-1)}\right) =$$

$$\sum_{i=1}^{N} \sum_{j=1}^{N} \sum_{t=1}^{T} \log a_{ij} P\left(o, X_{t-1} = s_i, X_t = s_j | \theta^{(i-1)}\right) \tag{A.6}$$

vereinfacht werden. Unter der Voraussetzung, dass die Summe aller Übergangswahrscheinlichkeiten gleich Eins, also $\sum_{j=1}^{N} a_{ij} = 1$ ist, ergibt das partielle Differential nach a_{ij} für den Schätzwert der Übergangswahrscheinlichkeiten

$$\hat{a}_{ij} = \frac{\sum_{t=1}^{T} P\left(o, X_{t-1} = i, X_t = j | \theta^{(i-1)}\right)}{\sum_{t=1}^{T} P\left(o, X_{t-1} = s_i | \theta^{(i-1)}\right)}. \tag{A.7}$$

Der dritte Term kann zu

$$\sum_x \left(\sum_{t=1}^{T} \log b_{X_t}(o_t)\right) P\left(o, x | \theta^{(i-1)}\right) = \sum_{i=1}^{N} \sum_{j=1}^{N} \sum_{t=1}^{T} \log b_i(o_t) P\left(o, X_t = s_i | \theta^{(i-1)}\right) \tag{A.8}$$

vereinfacht werden. Dann ergibt die partielle Differentiation nach b_i unter der Bedingung $\sum_{k=1}^{L} b_i(k) = 1$ den Schätzwert für die Ausgabewahrscheinlichkeiten $\hat{b}_i$:

$$\hat{b}_i(k) = \frac{\sum_{t=1}^{T} P\left(o, X_t = s_i | \theta^{(i-1)}\right) \delta_{o_t, k}}{\sum_{t=1}^{T} P\left(o, X_t = s_i | \theta^{(i-1)}\right)}. \tag{A.9}$$

Mit der Forward-Variablen $\alpha_t(i) = P(o_1 o_2 \ldots o_{t-1}, X_t = s_i | \theta)$ und der Backward-Variablen $\beta_t(i) = P(o_t \ldots o_T | X_t = i, \theta)$ können die geschätzten Parameter noch umgeschrieben werden und es ergeben sich die Gl. (2.44) bis (2.46).

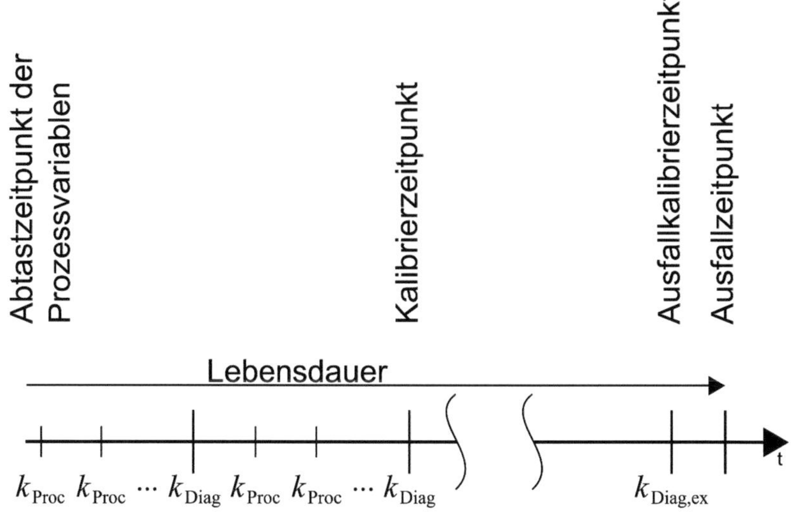

Abbildung A.1: Veranschaulichung der erklärten Begriffe.

A.2 Begriffsdefinitionen

Nachfolgende sind zum besseren Verständnis die wichtigsten in Kapitel 2 und 3 verwendeten Begriffe erläutert. Anschaulich sind die erläuterten Begriffe in Abb. A.1 dargestellt.

Abtastzeitpunkt: Unter Abtastzeitpunkt wird ein diskreter Zeitpunkt verstanden, zu dem ein Messwert in der Regel äquidistant erfasst wird.

Abtastzeitpunkt der Prozessvariablen: Bei dem Abtastpunkt der Prozessvariablen handelt es sich um einen diskreten Zeitpunkt, zu dem die Prozessvariablen, in der Regel pH-Wert und Temperatur, erfasst werden.

Ausfallzeitpunkt: Unter Ausfallzeitpunkt wird der Zeitpunkt verstanden, zu dem eine pH-Glaselektrode ausfällt. Zu diesem Zeitpunkt ist sie nicht mehr in der Lage, ihre Funktion zu erfüllen.

Ausfallkalibrierzeitpunkt: Der Ausfallkalibrierzeitpunkt $k_{Diag,ex}$ stellt eine Abschätzung des Ausfallzeitpunkts auf Basis der Kalibrierungen, der Kalibrierzeitpunkte, dar. Diese Darstellung ist anwenderfreundlich, da sie direkt einen Bezug zur Tätigkeit des Anwenders im Kalibrierlabor hat.

Kalibrierzeitpunkt: Der Kalibrierzeitpunkt k_{Diag} ist ein diskreter Zeitpunkt, zu dem die Kalibrierparameter erfasst werden. Üblicherweise sind Kalibrierzeitpunkte äquidistant. Bei den Kalibrierparametern handelt es sich in der Regel um die Parameter Nullpunkt und Steigung.

Lebensdauer: Die Lebensdauer bezeichnet die Zeitspanne vom Beginn des Einsatzes bis zum Versagen der pH-Glaselektrode. Das Versagen tritt zum Ausfallzeitpunkt ein.

**Bereits veröffentlicht wurden in der Schriftenreihe des
Instituts für Angewandte Informatik / Automatisierungstechnik bei
KIT Scientific Publishing:**

Nr. 1: BECK, S.: Ein Konzept zur automatischen Lösung von Entscheidungsproblemen bei Unsicherheit mittels der Theorie der unscharfen Mengen und der Evidenztheorie, 2005

Nr. 2: MARTIN, J.: Ein Beitrag zur Integration von Sensoren in eine anthropomorphe künstliche Hand mit flexiblen Fluidaktoren, 2004

Nr. 3: TRAICHEL, A.: Neue Verfahren zur Modellierung nichtlinearer thermodynamischer Prozesse in einem Druckbehälter mit siedendem Wasser-Dampf Gemisch bei negativen Drucktransienten, 2005

Nr. 4: LOOSE, T.: Konzept für eine modellgestützte Diagnostik mittels Data Mining am Beispiel der Bewegungsanalyse, 2004

Nr. 5: MATTHES, J.: Eine neue Methode zur Quellenlokalisierung auf der Basis räumlich verteilter, punktweiser Konzentrationsmessungen, 2004

Nr. 6: MIKUT, R.; REISCHL, M.: Proceedings – 14. Workshop Fuzzy-Systeme und Computational Intelligence: Dortmund, 10. - 12. November 2004, 2004

Nr. 7: ZIPSER, S.: Beitrag zur modellbasierten Regelung von Verbrennungsprozessen, 2004

Nr. 8: STADLER, A.: Ein Beitrag zur Ableitung regelbasierter Modelle aus Zeitreihen, 2005

Nr. 9: MIKUT, R.; REISCHL, M.: Proceedings – 15. Workshop Computational Intelligence: Dortmund, 16. - 18. November 2005, 2005

Nr. 10: BÄR, M.: µFEMOS – Mikro-Fertigungstechniken für hybride mikrooptische Sensoren, 2005

Nr. 11: SCHAUDEL, F.: Entropie- und Störungssensitivität als neues Kriterium zum Vergleich verschiedener Entscheidungskalküle, 2006

Nr. 12: SCHABLOWSKI-TRAUTMANN, M.: Konzept zur Analyse der Lokomotion auf dem Laufband bei inkompletter Querschnittlähmung mit Verfahren der nichtlinearen Dynamik, 2006

Nr. 13: REISCHL, M.: Ein Verfahren zum automatischen Entwurf von Mensch-Maschine-Schnittstellen am Beispiel myoelektrischer Handprothesen, 2006

Nr. 14: KOKER, T.: Konzeption und Realisierung einer neuen Prozesskette zur Integration von Kohlenstoff-Nanoröhren über Handhabung in technische Anwendungen, 2007

Nr. 15: MIKUT, R.; REISCHL, M.: Proceedings – 16. Workshop Computational Intelligence: Dortmund, 29. November - 1. Dezember 2006

Nr. 16: LI, S.: Entwicklung eines Verfahrens zur Automatisierung der CAD/CAM-Kette in der Einzelfertigung am Beispiel von Mauerwerksteinen, 2007

Nr. 17: BERGEMANN, M.: Neues mechatronisches System für die Wiederherstellung der Akkommodationsfähigkeit des menschlichen Auges, 2007

Nr. 18: HEINTZ, R.: Neues Verfahren zur invarianten Objekterkennung und -lokalisierung auf der Basis lokaler Merkmale, 2007

Nr. 19: RUCHTER, M.: A New Concept for Mobile Environmental Education, 2007

Nr. 20: MIKUT, R.; REISCHL, M.: Proceedings – 17. Workshop Computational Intelligence: Dortmund, 5. - 7. Dezember 2007

Nr. 21: LEHMANN, A.: Neues Konzept zur Planung, Ausführung und Überwachung von Roboteraufgaben mit hierarchischen Petri-Netzen, 2008

Nr. 22: MIKUT, R.: Data Mining in der Medizin und Medizintechnik, 2008

Nr. 23: KLINK, S.: Neues System zur Erfassung des Akkommodationsbedarfs im menschlichen Auge, 2008

Nr. 24: MIKUT, R.; REISCHL, M.: Proceedings – 18. Workshop Computational Intelligence: Dortmund, 3. - 5. Dezember 2008

Nr. 25: WANG, L.: Virtual environments for grid computing, 2009

Nr. 26: BURMEISTER, O.: Entwicklung von Klassifikatoren zur Analyse und Interpretation zeitvarianter Signale und deren Anwendung auf Biosignale, 2009

Nr. 27: DICKERHOF, M.: Ein neues Konzept für das bedarfsgerechte Informations- und Wissensmanagement in Unternehmenskooperationen der Multimaterial-Mikrosystemtechnik, 2009

Nr. 28: MACK, G.: Eine neue Methodik zur modellbasierten Bestimmung dynamischer Betriebslasten im mechatronischen Fahrwerkentwicklungsprozess, 2009

Nr. 29: HOFFMANN, F.; HÜLLERMEIER, E.: Proceedings – 19. Workshop Computational Intelligence: Dortmund, 2. - 4. Dezember 2009

Nr. 30: GRAUER, M.: Neue Methodik zur Planung globaler Produktionsverbünde unter Berücksichtigung der Einflussgrößen Produktdesign, Prozessgestaltung und Standortentscheidung, 2009

Nr. 31: SCHINDLER, A.: Neue Konzeption und erstmalige Realisierung eines aktiven Fahrwerks mit Preview-Strategie, 2009

Nr. 32: BLUME, C.; JAKOB, W.: GLEAN. General Learning Evolutionary Algorithm and Method: Ein Evolutionärer Algorithmus und seine Anwendungen, 2009

Nr. 33: HOFFMANN, F.; HÜLLERMEIER, E.: Proceedings – 20. Workshop Computational Intelligence: Dortmund, 1. - 3. Dezember 2010

Nr. 34: WERLING, M.: Ein neues Konzept für die Trajektoriengenerierung und -stabilisierung in zeitkritischen Verkehrsszenarien, 2011

Nr. 35: KÖVARI, L.: Konzeption und Realisierung eines neuen Systems zur produktbegleitenden virtuellen Inbetriebnahme komplexer Förderanlagen, 2011

Nr. 36: GSPANN, T. S.: Ein neues Konzept für die Anwendung von einwandigen Kohlenstoffnanoröhren für die pH-Sensorik, 2011

Nr. 37: LUTZ, R.: Neues Konzept zur 2D- und 3D-Visualisierung kontinuierlicher, multidimensionaler, meteorologischer Satellitendaten, 2011

Nr. 38: BOLL, M.-T.: Ein neues Konzept zur automatisierten Bewertung von Fertigkeiten in der minimal invasiven Chirurgie für Virtual Reality Simulatoren in Grid-Umgebungen, 2011

Nr. 39: GRUBE, M.: Ein neues Konzept zur Diagnose elektrochemischer Sensoren am Beispiel von pH-Glaselektroden, 2011

Die Schriften sind als PDF frei verfügbar, eine Nachbestellung der Printversion ist möglich. Nähere Informationen unter www.ksp.kit.edu.